U0044089

市場戰略

MARKET-ORIENTED
STRATEGY
FOR CEOS

企業如何制定最優目標與路線？
科特勒諮詢團隊經典解題

菲利浦‧科特勒（Philip Kotler）、密爾頓‧科特勒（Milton Kotler）
曹虎 （Tiger Cao）、喬林 (Collen Qiao)、王賽 (Sam Wang)

— 合著 —

盯住你的市場戰略
而非商業戰略

科特勒諮詢集團 中國區總裁 曹虎博士

　　最早和菲利浦・科特勒先生討論到合著這本書，是在2019年春季的美國薩拉索塔。我、菲利浦・科特勒、密爾頓・科特勒以及王賽博士、喬林在科特勒家裡圍爐夜話三天，一起回顧了菲利浦・科特勒近90年的人生閱歷和行銷思想史，並對未來的行銷世界與趨勢暢想。在回程之前，王賽博士和我向菲利浦・科特勒提出一個想法——能否把科特勒理論系統中的市場行銷戰略層面的理論，結合科特勒諮詢集團全球的諮詢實踐，融合出一本面對CEO和高階主管的新書呢？這本書與科特勒過去任何一本作品不同的是，它把行銷上升到一種市場戰略，而不僅是微觀層面的技術，這套系統理論要「上得去、拆得開、落得下」，兼

容戰略的宏觀與行銷的微觀，專門解決市場決策戰略層面的問題。

這與我們另外一位朋友，德國赫曼·西蒙（Hermann Simon）教授的看法極其吻合。如果你特別關注西蒙著名的「隱形冠軍」（細分行業內的領先企業）行銷戰略和商業戰略，你會很有意思地發現這些企業有個共同特點，那就是：有明確專注的市場行銷戰略（Marketing Strategy）而較少採用以行業整合和多元化為特點的「商業戰略」（Business Strategy）。

戰略與生命週期

在我繼續之前，我想說明一下這兩種戰略的差別：商業戰略（Business Strategy）通常傾向於改變一個企業的經營組合以取得可觀的獲利水準，它的本質是使公司業務偏離它目前的核心事業，而轉向其他短期高盈利領域，從而使企業在新領域中更多

獲利，或者讓在新領域中具有核心資質和資產的企業獲得新的資質。商業戰略探討的是公司進行戰略部門擴張，業務重組，提出新的投資組合。

市場行銷戰略（Marketing Strategy）則有很大的不同。它通常傾向於改變一個公司的市場行銷組合而不是核心業務。它本質上是驅使公司通過更好地運用市場行銷戰略戰術，提升企業的核心獲利能力和周邊業務。行銷戰略探討的是公司行銷和銷售的組織框架，通過創新和增值滲透目標市場，以及公司行銷和銷售各個部分之間的聯繫。

我們認為從行銷角度看，市場競爭的總體趨勢是各個行業（我指的是競爭性行業）的行業集中度提高，較高的行業平均利潤和消費者忠誠度進一步提升。然而在實踐的過程中，每一個企業都會面臨現實問題：出口市場利潤不斷減少，而國內市場競爭迫使價格持續下跌，通路力量日益強大，行銷和原材料成本高升等。當利潤空間被擠壓，企業就會感到緊張並轉入新的業務領域，如房地產、能源，或者媒體以求獲得收益。很快，公司感到困惑，它

在核心市場上失去信心並轉入其他行業，它不知道自己究竟應該置身於何種行業。因此企業求助於戰略諮詢機構，這也解釋了為什麼全球主要的商業戰略諮詢機構在全球如此活躍。

這種過程已經延續了10多年，每次公司的結局大都不盡人意，我們可以看看多少企業由此倒下：10年前，5年前，甚至兩年前還威風八面信心萬丈的企業，你今天還能看到的有幾個？其間道理再明白不過：絕大多數企業陷入困境的根本原因並不是因為「企業所在的行業出現問題」或「企業的業務焦點或結構有錯誤」，而是因為缺乏良好的市場行銷和銷售、沒有最大發揮自己的核心業務的潛力。市場行銷戰略和商業戰略都有其正確的運用時間，企業應該對症下藥。

商業戰略和行銷戰略兩者對於企業的生命週期都十分重要。但是當企業長期被各種問題困擾時，行銷戰略通常成為第一道防線。如果新的行銷戰略發揮不了作用，就到了制定新的商業戰略的時刻。問題在於我們很多企業習慣於用馬推車而不是拉

車。他們先做最壞的打算，然後制定商業戰略。他們應該首先看自己的市場行銷是否一切正常，要對自己的行銷戰略和行銷執行進行定期的「行銷審核（Marketing Audit）」。但在大多數案例中都不是這樣，因為很多企業很少有真正意義上的市場行銷部門在運用著市場行銷的功能。

　　商業戰略審核通常從利潤和資源的財務分析開始，隨後轉移到行業和競爭位置分析，換句話講，先分析金錢問題，然後連結到在行業中的普遍衰退。

　　與之不同的是，行銷審核開始於根據細分市場進行市場占比分析，隨後延伸到不斷改變的顧客需求、偏好趨勢以及企業應對這些變化而進行的定位調整。換言之，行銷戰略始於顧客的困境和願望然後連結到市場占比的下跌和顧客趨勢的改變。

　　請注意這些差別。當商業審核完成後，企業則越過目前的核心事業而進入新的核心機會，這是商業模式上的改變。相對的，當市場的行銷審核完成後，公司發現它在原有目標市場失去了一定的市場佔有率和有利的定位，並在它的核心事業中發現

新的目標細分市場。這樣做不必改變企業的核心業務，只需要改變行銷模式。

　　商業戰略接下來在拯救當前核心業務的同時，進行未來核心業務組合的選擇。行銷戰略在另一方面，則是選擇具有吸引力的顧客群體，研究他們的需求和意願，來決定新產品的特徵和設計、顧客期望獲得的新途徑、對產品的感受、能接受的價格等。公司不一定要離開原有的行業和業務，只需要更注重顧客的需求。

　　商業戰略隨後為新的核心業務組和提出長期戰略（三至五年）和戰術計畫。另一方面，行銷戰略通過對消費者需求和願望的研究創新開發新產品、相關服務、新的分銷政策、改善的網點和銷售管理、新品牌發佈和推廣及新的價格政策。這些是短期和近期的戰術行動（1-2年）可以快速改善企業獲利能力。

　　商業戰略隨後為新的長期業務組合進行重新構架。這是一個高成本和不可逆轉的過程。它需要新的長期的組織構架和運作流程。行銷執行則要求在

當期行銷預算中體現組織的改善和資源的投入。企業則監控他們的行銷ROI（投資回報）並保持一定的彈性隨時調整行為。行銷的執行不需要進行大規模的組織性、流程性和財務資源的重新構架和分配。

大多數公司甚至不嘗試使用行銷戰略

為了讓理論變得簡單易懂，我在這裡大大簡化了商業戰略和行銷戰略的差別。還有很多細節我在這裡無法一一詳述。我感覺到大多數公司都沒有真正理解這兩者的差別。他們過於沉迷於商業戰略，整合，兼併等等時髦的新概念，而忽視了真正重要也易於操作的「行銷戰略」：通過行銷計畫和高效執行來解決他們的問題。

讓我們看一些經典案例。運動品牌Nike和星巴克從第一天開始至今從未改變過他們的商業戰略。Nike從未生產過一隻鞋，而是一直投身於持續性的市場調研，以支持新品設計、推廣活動、分銷

和定價。星巴克開始於咖啡生意，它現在仍然在全球從事這項業務。通過持續的行銷戰略和戰術運動——開發新型咖啡、選址經驗、高價策略，數位行銷而取得了驚人的利潤。

在另外一方面，Westinghouse（西屋），曾經是一個大型電站，也曾經重組進入娛樂事業遭受失敗，那迄今仍是它的陰影。而具有諷刺意味的是，這家企業目前仍在用留存下來的核心核發電技術進行發電生產。Bell & Howell 公司在戰略性地轉移到國防產業之前，曾經是一個大型的照相機企業。索尼戰略性地進軍娛樂事業則得到了事與願違的結果，那就是失去了它在電子技術行業中的領先位置。

如果說以上的例子太「經典」了，而讓人覺得很遙遠，那麼我給大家舉兩個我親身經歷的案例：

第一個例子是關於一個德國企業的。這個德國企業是我們的客戶，我們已經為該公司服務了八年多（我們八年來只為它做一件事情）。這個公司的核心業務是化妝品代工製造。這在我們很多企業家眼中絕對不算嶄新領先的事業，是典型的「紅

海」。可是，當我告訴你這家企業已經營運了110
餘年，而且2010年的銷售收入超過14億歐元，你
會怎麼想？這家企業的成功因素有很多，但是最
根本的原因是「專注可持續行銷，不斷提升客戶價
值」。在100多年的歷史中，他們積累了巨大的客
戶資產和客戶知識，在很多企業轉型的時候，他們
卻堅持並做的風生水起。我們協助這家公司改進了
行銷組織，客戶管理系統，特別是建立的化妝品消
費者趨勢競爭智慧系統，使這家公司甚至能夠先於
其客戶感知消費者在化妝品使用行為和需求上的變
化，進而及時與客戶協調產品變革。通過實施這些
精細化的行銷戰略和戰術，使得該公司能夠在全球
範圍內建立供應鏈管理系統，使該公司的生產成本
大幅度下降，從而為其客戶創造了價值。

　　另外一個案例是某個亞洲大型摩托車企業。該
企業在面臨整個行業政策環境不利，行業增長放
慢，競爭激烈，銷售和利潤持續下降的情況下，他
們沒有按照聘請的戰略諮詢公司的建議去涉足汽車
業，金融租賃業，地產業，而是在我們的幫助下進

行了行銷戰略優化和變革：發掘新的潛在市場和消費者機會，提升產品的品質，豐富品牌內涵，理順「品牌—產品」架構，優化和提升通路效率，加大零部件業務投入，與歐美著名廠家合作等舉措，從而再度獲得增長。

特別要聲明的是：我這不是說企業維持原有業務不做改變就是明智的。別忘了，全錄（Xerox）和寶麗來（Polaroid）停留在影印機和相機領域而遭受失敗，美國一些汽車業者持續生產小轎車和卡車也近乎失敗。但是這些公司並不像日本的豐田或本田汽車那樣，他們沒有真正關注研究顧客。一些巨型的美國汽車公司在幾十年中都沒能成為行銷巨人！更好的行銷戰略也許會拯救他們。

我從不認為行銷戰略總是好過商業戰略，只是我們大多數公司甚至不嘗試使用行銷戰略。行銷戰略可以治癒企業的疾病，而不需要進行極端的、後果不明的大型業務重組。在此，我借用菲利浦・科特勒博士的幾點提醒來結束：

- 「在沒有嘗試用行銷戰略解決困境之前，不要一下子跳到商業戰略中。」
- 「新的商業戰略也許看上去充滿希望，但沒有好的行銷戰略它同樣會失敗。」
- 「如果沒有好的行銷去最大程度地支持你的核心事業，那麼也沒有什麼能夠不斷拯救你的核心事業。」

　　而這本書，我們就是在寫市場行銷戰略，希望帶給讀者們啟發，並產生行動力，它也凝聚住我、王賽與科特勒先生的智慧與友誼。

目錄

序 盯住你的市場戰略，而非商業戰略

CHAPTER

1

從增長路徑出發的
市場戰略

> 增長是市場戰略的靶心，
> 也是市場行銷戰略化的目標。

增長是市場戰略的最直接目的

對於企業高層而言，所有的市場戰略問題都可以回歸到「增長」這個議題，而增長也是近年來CEO和高階主管最關心的熱門問題。從2017年開始，微軟的管理層在用「刷新」的方式重塑增長，米其林單獨成立創新投資部門來孵化新的增長點，華為通過率先佈局5G領域在全球擴張，「字節跳動」（著名應用程式「抖音」的幕後公司）從資訊流互聯網產品開始，不斷擴張到新的領域和區域。的確，今天的市場戰略或者說行銷，增長問題成為核心，成為解決企業其他問題的入口。這正如寶僑家品（P&G）的CEO鮑勃・麥克唐納（Bob McDonald）強調：「對企業來講，增長是第一要務。」

　　今天的行銷要走向「市場戰略化」。什麼叫做「市場戰略導向的企業」？就是要Marketing Everywhere（行銷無處不在）。認為行銷只是市場部門或者銷售部門的事，這種對行銷的理解是錯誤的。企業碰到最大的困境可能就在於僅把行銷作為一項職能，一個部門，而不是由外而內的市場增長戰略。正如管理學思想家彼得・杜拉克在《管理：使命、責任、實踐》中的一句話——「當前仍然存在的一個基本事實是：誰願意把行銷作為戰略的基礎，誰就有可能快速取得一個行業或一個市場的領導權。」行銷要市場戰略化，這才是企業家需要的行銷——以市場為中心的戰略。

　　與杜拉克把管理學根植在社會學之上不同，行銷的學科本質是建立在經濟學之上的。在國家和區域發展中，經濟學家扮演核心的顧問角色；而在企業層面，行銷是否扮演了企業戰略顧問的核心角色呢？100多年來，市場行銷給經濟學科和經濟實踐提供了很多運行的理解，我們相信，如果有更多的經濟學家去追隨市場行銷理論和實踐的發展，新的理論和發現將能幫助經濟學更好的落實。所以在約定俗成的「宏觀經濟學」和「微觀經濟學」外，是否

可以開闢出一個新的類別——市場經濟學，讓行銷學成為企業層上市場競爭的核心，這可以稱之為「市場經濟學（Marketing economy）」，它的核心就是幫助企業解決良性增長的問題。

　　從上述的面向來講，行銷應該是CEO和高階主管的第一底層思維。但是，本書作者在擔任顧問和承擔諮詢專案與企業接觸的過程中發現，實際情況並非如此。有企業家把行銷直接理解為銷售，這在房地產行業和工業品領域似乎非常明顯；而另一些管理者，甚至是大型的互聯網公司，仍然把行銷降級為傳播、廣告、流量管理，這和「市場經濟學」建立的初衷漸行漸遠，不是說這些東西不重要，而是說這些工具必須建立在一個高層次的市場競爭策略上，才會實踐得更有效，這也是近三年，CGO（Chief Growth Officer，首席增長官）興起的原因。

　　本書幾位作者2012年受邀參觀中國寶鋼公司，從偌大的一個總部集團組織架構圖中，看到了戰略部、人力資源部、企業文化部，甚至還有組織變革部，但就是沒有看到行銷部。作為市場導向型的組織，怎麼能沒有行銷部呢？於是菲利浦・科特勒當場建議寶鋼應建立總部層級的行

銷，並建議落實到組織高層職位。這股市場導向的力量後來讓寶鋼在全球鋼鐵行業的地位不斷攀升。然而，「高層級缺失行銷功能」的這種缺陷又何止寶鋼犯過？在二十世紀90年代一場美國IBM公司的董事會上，彙報的核心有財務分析、組織調整，當時作為該公司顧問科特勒不禁提問：市場在哪兒？沒有市場為導向，增長又從何而來呢？從這次會議之後，受到科特勒的影響，IBM開會增加兩條必備項目：一項是討論客戶需求的變化，另一項是研究競爭對手，公司裡還專門設置一位高階主管，讓高階主管扮演競爭來決策，以此更好瞭解競爭對手的思考。

　　所以，在此不得不說，對不起，你所理解的市場行銷，可能都是錯的。或者說，我們更需要從CEO和高階主管層面重建行銷，Marketing在中文場域被翻譯成「行銷」，可能是商科領域英譯中文最失敗的兩個例子之一（另一個是「會計學」）。Marketing翻譯為「行銷」往往容易被理解為是直接推廣和銷售，而科特勒試圖構建的「市場經濟學（Marketing Economy）」其初衷就是要把市場決策從這個泥沼中拉出來。正確地講，Marketing是英文「Market」變格後的一個動名詞，即Marketing = Market ＋ ing，表達

市場競爭的一切或者管理商業在動態市場中相關變數的實踐學科。「行銷」這個翻譯可能會帶來一些降級和誤導，但是正如電腦鍵盤的字母排列，很多事情由於「路徑依賴」而形成了群體的話語體系。所以本書的幾位中國大陸合著者曾提出，要嘛深化企業家對真正行銷的認識，要嘛直接把這門學科叫做「市場經濟學（Marketing Economy）」。而回歸到企業，意識到這些問題的企業，比如寶僑家品公司喜歡叫「業務管理」，另一些公司叫做「市場戰略」。而不管如何，我們想，對於高層來講，回到杜拉克的建議，市場行銷或者市場經濟學才是這門學科的核心。

　　這也是本書把第一章確立為「增長」的原因，增長是企業行銷的首要目的，也恰恰是行銷這門學科所擅長的課題。通過行銷，企業可以促進市場對產品的需求；可以建立強勢品牌誘導嘗試並促進口碑傳播和擴散；也可以構建良好的客戶關係，挖掘客戶終身價值，而已故哈佛市場行銷教授希歐多爾・李維特（Theodore Levitt）很早就提出過「行銷短視症」（Marketing　Myopia），在那篇跨時代的經典文章裡，核心就要商業人士針對市場思考，並確定

增長區間。

　　當然，增長之所以作為核心問題在今天被反復提及，亦與低迷的全球經濟環境相關。近兩年來，世界經濟體之間的貿易摩擦逐漸加劇，國際貿易爭端大幅增加，世界經濟動盪不安。美國提高中國、日本、墨西哥等各國進口關稅的舉措引發了報復和反報復，全球貿易已經失去增長趨勢，經濟週期疊加貿易爭端，世界經濟雪上加霜。2020年新冠疫情勢也延長了這種局面──商品物價上漲、消費意願下降讓世界經濟復甦的前景非常不明朗。全球價值鏈也因此遭到嚴重破壞，深植於中美貿易供應鏈的東亞經濟體出口商首當其衝。

　　美國和歐盟已經面臨著經濟增長放緩的難題，美國經濟難以提供與人口增長相匹配的就業機會，而一些歐盟國家經濟已經陷入衰退，還有一些已經到了瀕臨衰退的邊緣。經濟曾經強勢增長的發展中國家情況也並不樂觀。除中國外的其他「金磚」三國（巴西、俄羅斯和印度）的經濟增長率已經從8％下降到5％，而中國的經濟增長速度也已經下落到了7％以下，中國政府把這種經濟特質稱之為「新常態」。所謂新常態，首先是「新」，也就是這種外

部經濟增長的局面，不是中國和世界在過去三十年中所看到的形勢；「常態」，說明這種情況會長期存在，而不是短暫性的。今天，當外部環境增速降下來時，他們的增長注意力從外部的「經濟增長紅利」轉到了企業內部的「企業增長能力」，所有的規劃、組織、管控、成本和流程再造，都必須為「增長」為服務。

增長公式：從宏觀經濟到營運效益

為什麼在全球經濟低迷之際，仍然能看到Uber、Zoom這樣的爆發式增長的企業？相反的，為什麼他們的競爭者又往往「身陷重圍」，增長乏力？這是需要深究的第一個問題。然而，要準確回答這個問題，必須先思考：企業的增長區大小由何種要素決定？在本書合著者王賽先生的前著《增長的策略地圖》（大寫出版）一書中，他曾提出來一個增長公式：

企業增長區=宏觀經濟增長的紅利　＋
　　　　　　產業增長紅利　＋
　　　　　　模式增長紅利　＋
　　　　　　營運增長紅利

　　對於企業家而言，這個公式試圖回答的是增長到底有哪些重要的戰略環節。比如能源和地產公司，更關注的是這個公式中的前兩項：宏觀經濟和產業，所以這類行業的首席戰略官多為宏觀經濟的研究者；而並非以資源為導向的互聯網公司，關注更多的卻是公式後面的兩個要素：模式與營運。不同的企業驅動增長的核心要素並不相同。

　　第一個要素是經濟宏觀週期，這的確是難以忽視的增長元素。過去四十年，中國大陸很多企業的增長，都建立在整體宏觀經濟高速增長的紅利之上；今天印度等新興國家也進入了新的經濟週期，為企業帶來宏觀經濟紅利。所以我們看到，在智慧手機領域，中國大陸絕大部分巨頭選擇了「出海」戰略，小米印度市場對其市場占比的貢獻已經占到接近50％。在不同的經濟板塊穿梭，以最大化經濟宏觀週期對業務的帶動，是企業多國化增長的底牌。

　　第二個要素是產業增長紅利。產業增長紅利要揭示一個問題：為什麼在同樣的經濟週期中，不同的企業所獲得的增長、所佔有的利潤區存在顯著差異？換言之，企業所處的產業是在導入期、成長爆發期、成熟期還是衰退期？產業週期的不同決定了該行業內企業增長速度的快慢和平均利潤率的高低，也就決定了該產業增長紅利的多與寡。比如，在過去二十年中，全球數位經濟與初級製造業的增速差距就很大。

　　第三個要素是模式增長紅利。所謂「模式增長紅利」，就是以同樣的資源進行模式的創新和重組，企業的增長速度和利潤區就會不一樣。資源上如果沒有差異化甚至處於劣勢，通過模式重組，也可能做出不一樣的結果。對於「模式紅利」的簡單比喻是──同樣擁有碳原子，有些企業只能製造出碳，而有些企業則可以通過重組造出鑽石，比如Airbnb改變了旅店行業的服務模式，Uber改變了傳統打車市場的計價以及客戶服務模式。

　　最後一個要素是營運增長紅利，同一產業內的不同企業由於競爭能力不一樣，所獲取的市場溢價也會存在差距。比如中國和印度的快速消費品行業內，都有一批企業

繞過跨國公司強勢品牌的壁壘，通過在區域市場精耕細作的市場操盤方式攻城掠地。營運增長紅利更強調組織的營運效益，如何通過「學習標杆」的方法，在每個環節做到比競爭對手更高，這是與模式增長紅利的區別。

　　以上四個要素的組合非常重要。著名的諮詢顧問拉姆‧夏蘭（Ram Charan）曾說，沒有不增長的業務，但並非每個企業都會接受低迷經濟下低增長的命運。本書其中兩位合著者菲利浦‧科特勒和密爾頓‧科特勒在《行銷的未來：如何在以大城市為中心的市場中致勝》一書裡就提及，未來的市場將是由發展中國家的大型城市主導。到2025年，在全球前25大城市中，美國將只有紐約、洛杉磯和芝加哥。如果我們把中等收入家庭最多、且人口超過1000萬的特大城市羅列出來，會發現只有七個城市在發達國家，剩餘16個城市在發展中國家。這些市場中心的形成意味著行銷從發達地區轉移到這些新興地區。經濟權力已經轉移到「創意城市」。企業應該把握的趨勢是國家和城市的角色之間的互換：過去的經濟思想一直專注於如何建立國家的力量，在這個時期，國家有巨大的經濟力量和財富，可以分配給城市。今天則時過境遷，城市可以不再依

賴於國家的分配，依然可以茁壯成長。這是經濟宏觀週期佈局帶給企業的增長機會。

　　Zoom Video Communication是一家全球領先的音視頻雲會議服務提供者，該公司的收入規模在2017～2019年每年都翻倍增長。Zoom為企業提供視訊會議服務，但市場普遍認為視訊會議的空間有限，其行業中已有思科這種巨頭玩家，屬於充分競爭的紅海市場。然而Zoom仔細研究後，在模式增長紅利和營運增長紅利環節進行了佈局：首先，Zoom瞄準了中小企業，而其他競爭對手主要服務大型企業，客戶細分的差異使得Zoom進入了一個「紅海中的藍海」——中小企業市場滲透率低，未來增長空間大；其次，Zoom在技術上主打「雲計算+視頻通訊」，從安裝、使用、通訊等體驗比其他競爭者更加貼近用戶，這為Zoom贏得了良好的聲譽。2019年4月19日，Zoom掛牌上市，首日便大漲75％，市值突破159億美元。

　　Nike的增長模式也是一個典型案例。從1976年到1983年，Nike銷售額保持80％以上的增長速度，這基於歐美市場經濟發展和運動產業的紅利，這個時期的Nike核心聚焦在運動鞋。但是從1983年起，此項業務的增速極度放緩，

趨向於零。Nike CEO考慮從增長公式的第三和第四項進行擴張，首先將核心業務從運動鞋擴張到服裝行業，並以籃球運動為核心的業務向其他周邊運動業務進行擴張，比如網球。這項調整讓Nike1991年的業務增速上升到36％。從1994年到1997年，又通過聚焦名人代言，強化品牌張力來尋求與愛迪達的差異，其中最重要的一項業務即喬丹系列，使得運動鞋業務上升30％。之後又進入高爾夫球領域，並將區域市場的重心之一調整到亞洲，尤其是日本和中國市場。而進入新世紀之後，Nike意識到數位化的衝擊，在所有運動服飾領域的企業中又率先投資數位化模式進行變革，和蘋果一起發佈Nike＋，進化成擁有最大的運動社群運動產品公司。

　　讓我們再重申一遍增長公式：企業增長區＝宏觀經濟增長的紅利＋產業增長紅利＋模式增長紅利＋營運增長紅利。CEO們應該思考，自己所在的企業是依靠哪個增長區驅動增長？還是在多個增長區中都有佈局？

增長點：從增長核心到新行業擴張

　　如何尋找企業的下一個增長點？許多企業的CEO和行銷高階主管往往抱著盲目樂觀的想法，近乎本能地認為「增長點就是一個新的業務」，或者進入陌生領域進行新投資。許多知名企業在其擅長領域都具有獨特能力。然而這些獨特能力在進入新的領域時並不一定有價值。大陸最大的搜尋引擎公司「百度」曾在2015年宣佈投入約29億美元進入本地生活服務市場，計畫用自身強大的AI技術能力提升用戶體驗，但結局卻是在這一市場慘敗。

　　增長戰略的選擇背後，首先要考慮的是公司資源的轉移障礙度和資源耗費度。不想清楚這個問題，企業的業務佈局就會是奇幻漂流，將增長變為一場賭博，甚至陷入不相關多元化的困境。所以，儘管公司可以採用很多不同的增長戰略，但最好的機會往往來自於增長核心———聚焦於公司現有最成功的產品和市場，這裡公司資源的轉移障礙度和資源耗費度最小。按照資源的耗費程度和轉移障礙度，我們為CEO找到了從增長核心到新行業擴張的8個增長點（見圖1-1），他們從難度最低向高在擴張，但是記

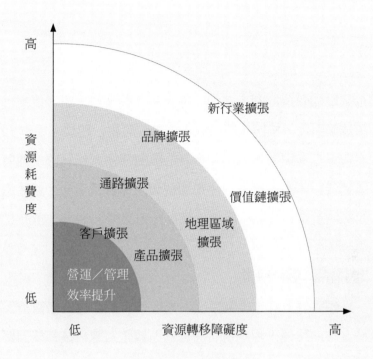

圖1- 1 企業的八個增長點

住，所有的核心依然指向市場經濟學最重要的主題，那就是客戶需求。

增長點1：提升營運／管理效率

營運／管理效率的提升本質上講就是向內要利潤，為

企業增加營運紅利。典型的操作是流程再造、組織重塑、新技術引入。按照豐田新成本主義的思維，利潤＝成本 ─ 浪費，企業需要通過消除自身的浪費來擠壓出利潤，同時通過流程再造，刪除不產生增值價值的流程環節，並通過組織的重塑、精簡、扁平化來提升利潤率。

增長點2：客戶擴張

　　客戶擴張是利潤區路徑中最傳統、同時也是最有效、最重要的路徑，因為所有的利潤區擴張路線最後都要回歸到客戶價值。就客戶擴張的具體方式來講，客戶組合優化、客戶價值深挖和新客戶獲取都是可以採取的路徑。

　　客戶組合優化重點關注的是前20％最有盈利價值的客戶，而客戶價值深挖則更傾向採用新的技術手段來管理客戶關係，並在此基礎上進行精準行銷，這一點對於客戶檔案相對完善的企業（如金融行業）來講尤其重要，這類企業可以通過客戶關係管理加上精準行銷的手段來進行有效的交叉銷售和交互滲透，例如科特勒諮詢集團曾幫助中國平安集團首創交叉銷售模式，此後中國平安開啟了高速增長時代。

增長點3：產品／服務擴張

　　產品／服務是企業獲取利潤的基本載體，具體操作包括創造新產品、優化產品組合和售後服務利潤化等等。一方面我們可以看到一個成功的新產品能挽救一個企業，正如當年iPOD播放器得以拯救蘋果公司，《鋼鐵俠》電影拯救了漫威公司（Marvel Studios）；另一方面我們又看到成功的新產品越來越少。因此，發現、識別、引導、培育和滿足客戶價值的能力越來越重要，尤其是企業對於消費者人性的洞察能力直接決定了產品的行銷力。

　　企業也可以通過原有產品線的優化組合來提升企業抗擊競爭的能力，有防禦型產品專門應對競爭對手的攻擊，有利潤型產品做撇脂盈利，也有走量型產品攻佔市場佔有率。

　　除了上面提到的兩種策略之外，售後服務的利潤化也是一個明顯的盈利趨勢，後市場開拓是當前企業利潤區擴張的重要方向。以通用電氣（GE）為例，該公司已經開始通過數位工業平臺診斷客戶使用設備的情況，將售後服務等後市場開發如配件銷售擴大企業的新利潤區。

增長點4：管道擴張

　　線上線下通路融合是最近使用比較多的增長方式。典型案例是線上電商巨頭亞馬遜在美國推廣的全時店面Amazon Go。無論是作為通路變革的方式還是通路互補的方式，線上線下的通路融合都承擔了重要的角色。通路結構調整和通路激勵也是擴張的重要方法。例如蘋果手機進入中國大陸的市場之初，依靠多層級通路商打開市場，後期則減少經銷商數量，通過直營門店提高利潤。

增長點5：地理區域擴張

　　如果企業現有的區域市場競爭強度增大或者說接近飽和，用地理區域的擴張來擴大利潤區是一種可以採用的方式，從地理區域擴張的方向來看，可以採取全球市場進入、空白市場填補和原有市場精耕三種策略。亞馬遜就是採取全球市場進入的典型企業，在美國市場如魚得水後，亞馬遜進入中國市場。當在中國市場面臨激烈競爭時，亞馬遜又轉向印度等新興市場發力。Uber成立之初，分別在每個城市進行司機和用戶激勵，這就是對一個個空白市場的填補。市場精耕也是地理區域擴張的重要方式之一，對

於美國乃至世界的城市群來說，不同的城鎮和街區都存在精耕的機會。

增長點6：品牌擴張

採取品牌擴張的企業需要掌握洞察消費者心智的能力，要從以前的重視產品管理轉換為注重客戶心智管理，這也是企業行銷需要跨過的重要一關。為品牌賦予新的核心價值尤其重要，企業或產品品牌最典型的問題在於核心價值的集體缺失，形成不了消費者認知上的差異化，因而在競爭中難以凸顯出來，成為產品、價格意義上的紅海競爭。

具體的增長路徑有：推出新品牌、重新賦予品牌價值以及新品牌推廣手段。新品牌推出有助於企業佔領新的細分市場，如歐萊雅、寶僑家品等快消、時尚公司，用大量的品牌組合佔領不同的細分市場；採取重新賦予品牌價值策略的典型案例是七喜，通過「非可樂（uncoke）」的定位將自身塑造為可樂的替代選擇；當然也可以通過新的品牌推廣手段實現增長，例如互聯網等數位化傳播手段等等。

增長點7：價值鏈擴張

　　價值鏈（Value chain）擴張有沿著價值鏈往上、往下、水平和外包四種整合方向。注意，整合並非只指參與到產業鏈的其他環節，還更加強調對產業鏈其他環節的掌控能力。價值鏈掌控能力薄弱是貿易型企業的典型病症，就如中國大陸的企業在這方面的弱勢也比較典型。尤其對於出口加工型企業來講，以前更多的是訂單經濟，在產業鏈中做好生產一個環節即可，現在應該更多地滲入到價值鏈的下游，掌握終端客戶更多的資訊，以快速應對市場變化。

　　在中美貿易戰中受到打壓的中國公司華為，得益於向上游價值鏈的延伸，使得它在晶片、作業系統等方面抵抗風險；同時華為通過手機等終端向價值鏈下游延伸，實現了品牌塑造和收入增長，進一步增強了抗風險能力。

增長點8：新行業擴張

　　決定一個企業盈利能力的要素既包括企業的競爭能力，又包括產業週期和宏觀經濟環境的影響。因此，如果一個企業所處的行業處於衰退期，同時宏觀經濟對其產生了重大的負面影響，這個時候企業最需要考慮的不是怎麼

圖1- 2 企業增長點全景圖

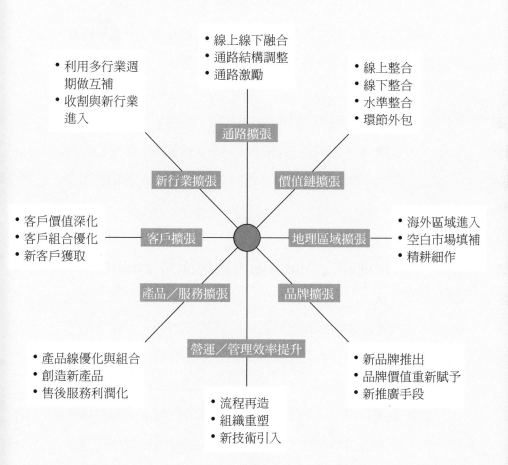

- 利用多行業週期做互補
- 收割與新行業進入

- 線上線下融合
- 通路結構調整
- 通路激勵

- 線上整合
- 線下整合
- 水準整合
- 環節外包

通路擴張

新行業擴張　　　價值鏈擴張

- 客戶價值深化
- 客戶組合優化
- 新客戶獲取

客戶擴張　　　地理區域擴張

- 海外區域進入
- 空白市場填補
- 精耕細作

產品／服務擴張　　　品牌擴張

- 產品線優化與組合
- 創造新產品
- 售後服務利潤化

營運／管理效率提升

- 新品牌推出
- 品牌價值重新賦予
- 新推廣手段

- 流程再造
- 組織重塑
- 新技術引入

維護客戶、強化品牌，更應該考慮的是要不要進入一個新的行業，去尋找一個相對豐厚的新產業，或者利用多行業週期做互補，形成產業投資組合。這個道理就像當年隨身聽迅速被智慧手機替代一樣，企業需要有效識別產業演進的軌跡。

最終我們得到了這樣一張增長點全景圖（見上頁圖1-2），CEO可結合自身的資源儲備、競爭態勢和戰略決心，決定採取哪一種增長戰略，進而研究如何細化增長路徑。

增長地圖：不同市場角色與態勢下的增長

增長機會的識別始於對戰略態勢的判斷。上文介紹了企業從增長核心到新行業擴張的眾多增長機會。由於沒有限制特定的產業和企業，所以是一種全景式的呈現，但具體到單個企業，則必須結合自身行業的特點、資源的擁有度、領導人戰略風格（是塑造未來、適應未來還是保存實力）來選擇具體的路線組合。

戰略態勢的判斷是多元的。這裡我們從市場戰略的角

度，將單個企業的戰略態勢判斷簡化為行業格局下的地位，用理性視角分析不同競爭地位企業的最佳增長路徑。

　　成熟的市場一般由領導者、挑戰者、跟隨者和利基者組成。40％的市場占比掌握在市場領導者（market leader）手中；30％由市場挑戰者（market challenger）所掌握；20％屬於跟隨者（market follower），他們不願打破現狀，只想保持現有的蛋糕；而剩下的10％市場占比則掌握在市場利基者（market nicher）手中，他們專注於大公司並不觸及的小市場。不同的市場地位應採取不同的增長策略，審視自身的戰略態勢，這是增長戰略的第一步。

市場領導者戰略

　　市場領導者的市場占比最大，並且行業內其他企業會跟隨領導者調整價格、產品、通路甚至促銷策略。微軟（電腦軟體）、佳得樂（運動飲料）、百思買（電子產品零售）、麥當勞（速食）、BlueCross BlueShield（健康保險服務）及visa（信用卡），包括中國的騰訊、阿里巴巴等

都是典型的市場領導者。

　　雖然領導者在消費者心中佔據優勢地位，但除非是保險、銀行、石油等具有特許壟斷性質的行業巨頭，否則還是要時時保持警惕：行業創新產品可能改變市場格局；競爭對手可能發現新機會並大額投資實現反超；領導者的成本也在不斷攀升，還可能患上反應遲緩的「大公司病」。所以，領導者地位並非一成不變，底片巨頭柯達（Kodak）和互聯網巨頭雅虎（Yahoo！）就是前車之鑒。要保持領先地位，領導者首要不斷擴大整體市場需求；其次，必須有策略地保護自己的領地；最後，還要努力增加市場占比，即使市場容量不變。我們分別來看每個策略。

擴大總體市場需求

　　如果總體市場規模擴大，市場領導者會是最大受益者。如果阿里巴巴能夠說服更多使用者使用電子商務，那麼它的收益會是巨大的，因為阿里巴巴的交易額占到中國電商交易額的60％。因此，市場領導者應為行業尋找更多

新客戶，或者讓現有客戶更多地使用產品，這是領導者的首要策略。

增加客戶數量： 領導者可從三種群體中尋找新客戶：

- 有需求但尚未使用過產品的潛在客戶（市場滲透戰略）；
- 從未使用過產品的新客戶（新細分市場戰略）；
- 其他地理區域的客戶（地理擴張戰略）。

尋找新客戶時也不能忽視現有客戶群。戴姆勒賓士一方面抓住歐盟、美國和日本等現有成熟市場，另一方面也抓住了中國等新興市場的巨大機會。正如剛剛卸任賓士董事長的迪特・蔡澈（Dieter Zetsche）所說：「你不能二選一，你必須保持你在傳統市場的優勢，甚至是擴張傳統市場。」地理擴張戰略也是諸多中國家電企業的市場戰略行為，比如科特勒諮詢集團所服務的TCL、海爾在海外所獲得的收入已經使其可以稱為多國或跨國公司，而非本土市場公司。而同樣是新興市場的巨頭，印度的塔塔集團採取的方式就是市場滲透策略，變成印度最大的生活消費類

品牌。

增加使用頻率：市場領導者還可以想辦法提高客戶的產品用量／使用時長、消費水準和使用頻率。如重新設計包裝產品外觀以吸引客戶的購買更多數量的產品。研究表明，增大產品包裝能夠增加客戶的單次使用量。如果是衝動型消費品，增加通路鋪設讓產品更易購買，銷售量也會增加。增加消費頻率有三種方式：找到新使用場景、引導用戶換新產品、另闢新用途。

1. 領導者要傳播品牌／產品的使用場景。40％的美國家庭都有Pepto-Bismol胃藥，然而只有7％的美國人在過去1年中使用過。為了提升使用次數，Pepto-Bismol用廣告將品牌與聚會場景聯繫起來，「盡情吃喝，完美呵護」（Eat, Drink, and Becovered）。類似地，Orbit 口香糖在包裝蓋內側寫了一條這樣的標語，「吃、喝、嚼，一種舒適乾淨的感覺」（Eat. Drink. Chew. A Good Clean Feeling），引導消費者在更多場景下使用產品。同樣的，現在諸多銀行（包括中國市場的招商銀行）開始把咖啡店和零售銀行進行跨界，其目的也是為了增加使用場景。

2. 新產品是另一個市場策略。消費者往往高估產品保

質期，忘記換新產品。企業可以提醒消費者。第一種提醒策略是將產品更換日期與節日、事件聯繫起來，例如真空吸塵器的篩檢程式企業會在每年夏季時令的開始和結束時提醒消費者更換篩檢程式。第二種提醒策略是向消費者強化兩個資訊:　消費者第一次使用產品的時間、臨近更換週期以及產品目前狀態提示。吉列剃鬚刀盒在多次使用後會褪色，這也是提醒消費者更換新產品的信號。許多空氣淨化器也會在手機App上顯示濾芯的消耗情況，提醒消費者更換濾芯。所以，我們看到約伯斯把蘋果手機從命名1到如今的X，其實每一代都在促使他的消費者升級，把手機從耐用電子消費品重新定位成時尚行業。

　　3. 提高使用頻率的第三種方法是另辟全新用途。例如，Arm & Hammer 發現消費者把烘焙蘇打粉用作冰箱除臭劑後，特意為該用途大肆宣傳，成功推動一半美國家庭將蘇打粉盒開口放置在冰箱裡。

保護市場占比

第一種保護市場占比的方法是主動行銷

擴大整個市場容量的同時，市場領導者要時刻提防競爭對手對於現有業務的侵犯：　波音（Boeing）需應對來自空中巴士（Airbus）的強勁競爭、史泰博（Staples）必須提防歐迪辦公（office Depot）、Google則要防範來自微軟的威脅。市場領導者如何保護現有業務？持續創新是最有建設性的答案。領導者要引領行業開發新產品、提供新的客戶服務、更有效地分配資源、降低成本。持續創新會增加企業的競爭優勢和客戶價值，客戶會心存感激甚至深感榮幸。

主動行銷要求企業不僅回應已存在的客戶需要（回應行銷），而且要提前感知客戶未來的可能需要（預知行銷），甚至是發現和產生客戶並沒有提出、但能使他們產生熱情的全新解決方案（創新行銷）。主動行銷型企業主動積極地推動市場需求，不會被動地以市場為導向。很多公司認為它們的職責是適應客戶的需求，因此它們只會被動回應，這是思維模式受限於單純客戶導向的表現，最終

會成為殘酷市場的犧牲品。相反，成功的公司會主動地根據自己的利益塑造市場，改變甚至重新制定遊戲規則，而非力圖成為現有遊戲規則下最好的選手。

主動型公司創造新的供應物來服務未滿足的、甚至是未知的客戶需求。二十世紀70年代末，索尼創立者盛田昭夫決定研發一個產品，它能徹底改變人們聽音樂的方式：「隨身聽」（Walkman）。索尼的工程師們堅稱這種產品沒有市場，但是該公司領導者盛田昭夫堅持自己的判斷。最終結果是，截至隨身聽誕生20周年，索尼已經出售了超過2.5億台的隨身聽。

主動型公司會改變行業內的關係，例如豐田汽車改變了其與供應商的關係。它們也會教育市場來吸引客戶，例如lululemon鼓勵人們學習瑜伽、鍛煉身體。持續創新的主動型公司要實行「不確定管理」，包括：

- 準備好冒險和犯錯誤
- 有未來的遠景並願意為之投資
- 有創新能力
- 靈活而不官僚主義

- 有主動思考的團隊文化
- 太厭惡風險的公司不可能成為創新贏家

　　加拿大企業家奇普・威爾遜（Chip Wilson）上瑜伽課的時候，發現大多數學生穿的聚酯纖混合物特別不舒服。為此他設計了合身防汗的黑色瑜伽服，並決定開一家瑜伽館，於是lululemon 誕生了。該公司採取了親民增長戰略，與消費者建立非常緊密的情感聯繫。在一個新城市開店之前，公司首先會尋找具有影響力的瑜伽教練或其他健身教練。lululemon 為瑜伽教練贊助一年多免費服裝，而作為交換，瑜伽師成為品牌的「形象大使」，面向學生舉辦lululemon 的贊助活動並銷售產品。他們同樣也向公司提供產品設計建議。客戶對 lululemon 的癡迷非常明顯。他們願意花費92美元購買一條 lululemon 健身褲，而 Nike 或者 Under Armour 也許只會讓他們花費60～70美元。儘管公司也遇到了一些問題挑戰，如庫存管理、生產混亂和關於創始人言論的負面傳聞等，但 lululemon 仍然探求將品牌線延伸至瑜伽服裝和配件產品之外，進軍其他類似的運動品類，例如跑步、游泳和騎行。

第二種保護市場占比的方式是防禦行銷

　　市場領導者即使主動進攻，也必須防止側翼被攻擊。防禦戰略的目的在於減少受到攻擊的可能性，或者將攻擊目標引到威脅較小的領域，並減弱攻擊強度。領導者要採取一切合法行動削弱競爭者開發新產品、分銷及影響消費者認知、嘗試和重複購買的能力。面對進攻，領導者的反應速度會對利潤造成直接影響。

　　市場領導者有六種防禦戰略，採取哪種戰略取決於公司的資源、目標及對競爭者反應的預期：

- **陣地防禦（position　defense）**：陣地防禦是指佔領最大的消費者心智版圖，使得品牌形象堅不可摧。正如寶僑家品公司的成就：在客戶心中，汰漬就是洗衣粉，佳潔士防蛀保健很好，幫寶適尿片是媽媽幫助寶寶保持健康乾爽的首選，這才是建立品牌定位的作用。

- **側翼防禦（flank defense）**：市場領導者也要建立一些側翼保護薄弱的前沿陣地或者支撐戰略反攻。例如中國的互聯網巨頭騰訊持續在電商等弱勢領域投

資，培植戰略防禦力量應對潛在威脅。

- **先發防禦**（preemptive defense）：先發制人更加積極，領導者可以跨越市場開展游擊戰——在這個市場攻擊競爭對手A，在另外一個市場攻擊競爭對手B——讓每個對手都不好過。領導者也可以大範圍包圍市場，向競爭對手發出不要進攻的信號。例如美國銀行在全美有16220多台ATM機和5858家分行，對區域性銀行造成了極大威懾。還有一種先發防禦是推出一系列新產品並事先預告，這種「事先預告」是在向競爭對手傳遞信號：要競爭就得硬碰硬。假設微軟宣佈了新產品開發計畫，大部分小公司就會把開發資源轉移到其他領域，避免正面競爭。許多高科技公司都曾經參與「煙霧彈」的炒作——即大肆炒作某些未上市產品，但實際上卻是一拖再拖或者只聞其聲不見其影。

- **反攻防禦**（counteroffensive defense）：反攻防禦是指市場領導者直面回擊或者向進攻者側翼包抄甚至發動鉗形攻勢，使之不得不回營救主。反攻防禦的另一種常見方式是經濟上或者政治上的打壓。市場

領導者可以對易流失產品採用低價策略，並從高利潤產品獲得收益補償，而競爭者無力支撐；市場領導者也可以提早宣佈產品即將升級換代，防止消費者購買競爭產品；或者遊說立法者採取政治行動抑制競爭者。蘋果、英特爾和微軟都曾積極地在法庭上捍衛自己的品牌。

- **運動防禦**（mobile defense）：運動防禦是指市場領導者將領導地位擴展到新領域，通過市場擴大化或市場多樣化讓新領域成為將來的進攻或防禦中心。市場擴大化（market broadening）是指企業將焦點從現有產品轉移到滿足基本需要上，但企業需要大力投資研發關注與該需要相關的技術。例如亨氏食品公司（H. J. Heinz Company）以辣根醬起家，其後逐步將投入資源將市場擴大到調味品、食品。市場多樣化（market diversification）則是進入不相關領域，美國煙草公司如Reynolds、Philip Morris等意識到煙草行業將面臨越來越大的限制後迅速涉足新行業，如啤酒、紅酒、軟飲料和冷凍食品，提高自身抗風險能力。

- **收縮防禦（contraction defense）**：領導者無法防守自身的所有領地，這時可進行計劃性收縮（planned contraction）或戰略撤退（strategic withdrawal），放棄弱勢市場，重新分配資源至強勢市場。2019年，亞馬遜宣佈電商業務退出中國，就是典型的戰略撤退，面對中國這樣一個電商焦土市場，繼續投入資源不如戰略撤退，將資源投入到印度等新興市場中去。

提高市場占比

領導者市場占比每提高一個百分點就能帶來數千萬美元收入。但獲取日益增長的市場占比，並不意味著就能自動產生更高利潤，特別是對於還沒有形成規模經濟的勞動密集型公司而言。能否獲取高利潤在很大程度上取決於公司戰略，例如通過並購獲得更多市場占比所付出的代價一般遠遠超過收益。因此，市場領導者追求市場占比增長前要先考慮如下四個因素：

- 「**反壟斷**」**威脅**。如果領導者在某個市場占比過大，受挫的競爭者可能會採取法律行動控告其「壟斷」。微軟、英特爾、Uber都曾面臨反壟斷威脅。

- **經濟成本**。一旦市場占比超過某一水準，公司收益將會隨著市場占比增長而降低。企業最佳市場占比是50％，如果客戶討厭巨頭，忠誠於現有供應商，有獨特需求或者喜歡跟小公司打交道，那麼市場領導者獲得更大市場占比的成本就會很高。法務、公關及遊說費用都會隨著市場占比的增加而增加。尤其是在面對以下情況時，力圖獲取更高市場占比並不合理：細分市場不具備吸引力、買方希望供給面多元化、退出壁壘非常高、幾乎不存在規模經濟。有些市場領導者甚至有選擇地減少企業在劣勢領域的市場占比以提高盈利能力。

- **競爭成本**。成功擴大市場占比的公司一般要在三個方面勝過競爭者：新品推薦、產品品質和行銷花費。它們帶來的巨大競爭成本將成為領導者進一步獲取市場占比的代價，通過大幅降價來提升市場占比的公司往往收穫不大，因為競爭對手也許能夠承受這

個降價幅度或者會通過增加附加價值來阻止買家轉換品牌。

- **市場占比擴大對實際品質和感知品質的影響。** 客戶過多會導致公司資源緊張，影響產品價值和服務傳遞。夏洛特的FairPoint Communications公司在購買Verizon在新英格蘭地區的特許權後獲得了130萬客戶，它費盡心力整合這些客戶，但由於轉換緩慢以及嚴重的服務問題，導致客戶不滿意、管理者有怒氣，最終破產。

在這些力量博弈下，市場領導者越來越難以進一步提高市場占比。這就需要企業創造「共用價值」：如果說傳統時代的戰略是以管理學人邁克爾‧波特（Michael Porter）提出的競爭戰略為核心，那麼在新時代競爭戰略要過渡到生態戰略。波特指出：「未來的超級價值公司，是以價值觀為紐帶，以市場增益價值貫穿所形成的生態系統。」

對市場領導者來說，通過生態型戰略將行業參與者轉化為整個價值網路的合作夥伴是更明智的選擇。最典型的例子出現在中國市場，即社交網路巨頭騰訊提出的「產業

森林」。騰訊科技CEO馬化騰說：「對於騰訊來講，我們過去是做生意，現在是做生態，這是自身成長自然的使命轉變。如果我們過去的夢想是希望建立一個一站式的線上生活平臺，那麼今天，我想把這個夢想往前推進一步，那就是打造一個沒有疆界、開放共用的互聯網新生態。」而生態型戰略的要點有三個：重新定義公司業務本質、佈局生態要素建立共用系統、不斷釋放增長期權。

對於公司業務本質不同的定義，造成了公司不同的價值，將業務定義擴大有機會讓企業價值突破行業天花板。Uber就是一個典型的案例。知名科技評論員邁克爾・沃爾費（Michael Wolfe）曾這樣評價Uber：「如果你把優步看作成一家在一些城市有分公司的汽車服務公司，那它的規模不算大；如果你認為優步把握住了幾十個城市的汽車市場的主動權，而且還在不斷擴大，那麼它的規模算是大了一些；如果你認為優步提供了私人運輸服務，比如接送你的孩子上下學，接你上班，去機場接送你的父母，那它的規模會越來越大；如果你覺得優步可以替代你自己的車，那它的意義更大了；如果你會使用優步的無人駕駛車系列，這個團隊會進一步發展；如果你覺得優步是一台巨大

的電腦，指揮著幾百萬人或物品在全球流動，那你面對的
就是世界上最大規模的企業之一 。」

　　如果說改變對業務本質定位的認知是基礎，那麼生態
型戰略的第二條策略就是建立共用系統，從企業演化成生

圖1- 3

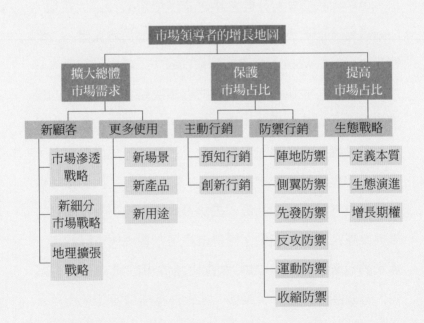

態。所有生態型企業都是通過共用六種核心資源中的一種或幾種建立的，稱為六大生態要素：需求側三大要素，包括對客戶資產、品牌價值、通路的生態化共用；供給面三大要素，包括對源技術創新、人力資源、生產製造等核心資源的共用。突破行業天花板的第三個策略就是不斷釋放增長期權，來實現自身對全新業務本質的定義。增長期權是未來增長機會的折現價值，這是騰訊、亞馬遜不斷在原有的客戶資產的基礎上，投資或進入新行業的原因。基於以上分析，我們能得到圖1-3的分析。

市場挑戰者戰略

市場佔有率在某一行業中居第二、第三左右的公司被稱為「亞軍公司」。像百事可樂、福特、安飛士（Avis）等都是各自領域非常大的亞軍公司。它們有兩種姿態可選：作為市場挑戰者（market challenger），激進攻擊市場領導者和其他競爭者，奪取更大市場占比；或者作為市場跟隨者（market follower）參與市場但是不「興風作浪」。

　　我們先看挑戰者。許多市場挑戰者能逼近甚至趕超領導者。豐田公司現在的汽車生產量就超過通用汽車，AMD正在逐步削弱英特爾的市場占比。挑戰者雄心勃勃，而領先者往往成為循規蹈矩、墨守成規的犧牲品。市場挑戰者可以採用以下進攻戰略：

　　為了擴大市場占比，挑戰者首先要確定攻擊誰：

- **攻擊市場領導者**。這是種高風險、高回報的戰略，特別是領先者做得並不好時，此種方法非常明智。成功實施這一策略能帶來額外利益，拉開企業與競爭者的距離。

- **攻擊與自己規模相同，但是經營不善或者資金短缺的公司**。這些公司產品老化，價格高昂或不能滿足客戶的其他需求。中國電商公司京東通過會員體系和物流體系搭建，蠶食了亞馬遜中國瞄準的高價值用戶市場，經營不善的亞馬遜中國電商業務最終戰略撤退。

- **攻擊小的地方性或者區域性公司**。中國的本地生活服務平臺「美團點評」早期就通過吸納許多地方

性團購網站成為行業龍頭，這是一場大魚吃小魚的
遊戲。

- **攻擊行業現狀**。市場挑戰者可以不將特定公司做為
  攻擊物件而是與整個行業作比較，或者從行業視角
  來看還沒有被充分滿足的消費者需求。JetBlue、Ally
  Bank和Netflix都通過與行業比較客戶價值而獲得
  成功。

圖1- 4　市場挑戰者的五種攻擊策略

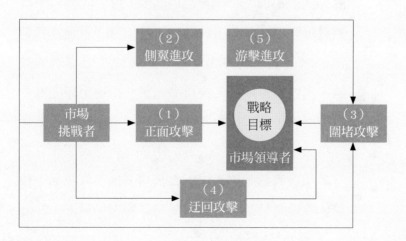

　　針對明確的競爭對手和戰略目標應採取怎樣的攻擊策略呢?這裡以市場領導者為例，我們可以給出五種攻擊策略:正面攻擊、側翼攻擊、圍堵攻擊、迂回攻擊和游擊戰，可見上頁圖1-4。

- **正面攻擊（front attack）**：正面攻擊戰是指進攻者在產品、廣告、價格和分銷方面與對手正面比拼。這種力量比拚原則上意味著擁有更多資源的一方會取得最終勝利。如果市場領導者不反擊，或者進攻者讓市場相信其產品可媲美領先者，降價等策略會起作用。Helene Curtis就精於讓客戶相信它旗下的品牌Suave和Finesse品質堪比高價品牌，但更物超所值。

- **側翼攻擊（flank attack）**：側翼攻擊的關鍵是找到市場變化引起的市場空缺，然後快速填補市場空缺。對於資源較少的挑戰者來說，這種策略尤其具有吸引力，勝算也比正面攻擊更大。小米等手機產商提供了面向更廣泛人群的手機，使得蘋果、三星等公司在智慧手機市場的占比也開始下降。另一種側翼攻擊戰略是去滿足未被覆蓋的市場需求。2005

年「全家」與「7-11」超商進駐中國上海，全家通過引入熱食和熟食與7-11拉開距離。相比於其他便利店銷售的便當等食品，全家所銷售的熱食和熟食得到了更多消費者的青睞和認可。挑戰者還可採用地域攻擊策略：專挑競爭對手表現不佳的地區重點攻擊。

- **圍堵攻擊（encirclement attack）**：圍堵攻擊是在多個前線發動浩大進攻來獲取敵人的大片領土。如果挑戰者掌握了上等資源，用此種攻擊方式是明智的。例如為了對抗宿敵微軟，Sun Microsystems准許成百上千個公司和數百萬的軟體發展者在任何種類的使用者設備上使用Java軟體。隨著消費者的電子產品逐漸數位化，Java軟體也逐漸出現在更大範圍的設備中。

- **迂回攻擊（bypass attack）**：迂回攻擊是繞過所有對手，進攻最易奪取的市場。有三種方針：多樣化發展不相關產品、多樣化發展新地理市場、躍進式發展新技術排擠現有產品。過去的二十年，百事可樂曾用迂回戰略對抗可口可樂：（1）1997年，在

可口可樂推出Dasani品牌前，百事可樂成功在全美鋪開了Aquafina瓶裝水的通路；（2）1998年，以33億美元成功收購了市場占比約為可口可樂美汁源（Minute Maid）兩倍的巨人純果樂（Tropicana）；（3）2000年，以140億美元收購了擁有運動飲料市場領導品牌佳得樂（Gatorade）的桂格燕麥。可口可樂也以收購反擊。技術躍進（technological leap-frogging）是指挑戰者耐心研究開發出下一代新技術，據此發動攻擊、將戰場移到自己有優勢的領地。例如谷歌利用技術躍進策略超越了雅虎，成為搜索業市場領導者。

- **游擊進攻（guerrilla attack）**：游擊進攻由小型的、斷斷續續的攻擊組成，騷擾對手使其士氣低沉，從而最終贏得持久的立足之地。採取游擊戰的挑戰者可以同時使用常規和非常規的進攻方式，其中包括選擇性降價、頻繁的廣告促銷戰以及不時的法律行動。游擊戰的成本不菲，即便花費小於正面攻擊、圍堵攻擊或者側翼攻擊，它也必須用更強的進攻作為後盾來擊敗對手。

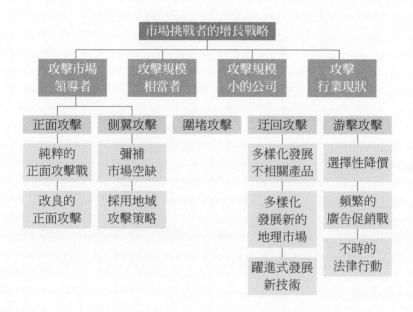

圖1- 5

我們將市場挑戰者的增長戰略歸納為圖1-5。

挑戰者的成功取決於如何結合各項戰略逐漸提升自身地位。市場挑戰者一旦挑戰成功，即便成為新的市場領導者都必須繼續保持挑戰者心態，否則無法長期保持市場領導者地位。

市場跟隨者戰略

　　除了產品創新（product innovation）外，產品模仿（product imitation）也不失為一個好策略。創新者承擔了開發新產品、開發分銷通路、告知並培育消費者的大量成本，這些工作和風險帶來的回報就是成為市場領導者。但是，其他公司也能追隨其後通過「創新性模仿」（innovative imitation）方式複製或者改良新產品，就算不能趕超領先者，但是往往也能獲得很高的利潤，因為它沒有承擔任何創新成本。

　　許多公司寧願跟隨而不願挑戰市場領導者。「有意保持一致」（conscious parallelism）的思維在鋼鐵、肥料、化工等資本密集產品同質的行業非常普遍。這些行業產品差異化和形象差異化的機會非常小，服務品質相差不大，價格敏感性非常高。這些行業非常排斥短期搶佔市場的行為，這種戰略只會引起行業強烈報復。因此，絕大部分公司不去搶奪其他公司的客戶。相反，它們複製領先者的做法，為購買者提供類似產品和服務，市場占比也表現出高度穩定性。

但這並不是說市場跟隨者缺乏戰略。市場跟隨者必須清楚如何留存現有客戶以及如何贏得相當占比的新客戶。每個跟隨者都試圖在選址、服務或者財務等方面創建獨特優勢。跟隨者必須時刻保持低廉的製造成本、優質的產品和服務品質，因為它一般都是挑戰者攻擊的首要目標。一旦挑戰者有所行動，跟隨者必須準備隨時進入新市場。

跟隨者要設計一條成長路線，但前提是不會帶來競爭性報復。有三種主要的戰略：

- **克隆者（cloner）**：克隆者效仿領先者的產品、名字和包裝，僅做少許變動。許多科技公司曾被指控為克隆者：很多品牌仿製品在抄襲即時通訊服務商WhatsApp的產品；德國Rocket Internet公司複製了競爭者的商業模式，但努力在執行上做得比對手更好。ConAgra公司旗下的Ralston Foods銷售與某名牌穀類食品相似的產品，旗下的品牌Apple Cinnamon Tasteeos（針對脆穀東Cheerios）、Cocoa Crunchies（針對Cocoa Puff）和Corn Bicuits（針對Corn Chex）對標成功的通用磨坊品牌，只不過價格低得多。

- **模仿者（imitator）**：模仿者從領先者產品中複製一些東西，但是會在包裝、廣告、定價和選址等方面保持差異化。只要模仿者不展開強烈攻勢，領先者就不會對此太過介意，成長於佛羅里達州的費爾南德斯·普賈爾斯（Fernandez Pujals）把達美樂比薩送貨到家的理念帶到了西班牙。他借了8萬美元在馬德里開了第一家店，現在他的Telepizza比薩外賣店占西班牙比薩外賣市場70％占比，並在歐洲和拉丁美洲有近1200家連鎖門店。

- **改良者（adapter）**：改良者調整或者改良領先者的產品。改良者最好選擇在與領先者不同的市場銷售產品，這樣更可能在未來成長為挑戰者，例如許多改良外國產品的日本公司。

這三種跟隨者戰略並不是鼓勵不法及不道德的行為：例如造假仿製領導者的品牌與包裝，並通過黑市或者非正規經銷商出售。高科技公司如蘋果、奢侈品牌如勞力士（Rolex）多年來一直被造假者困擾，尤其是在亞洲市場。假冒藥品已經成為一個巨大並潛在致命風險的業務，

規模達到750億美元。由於不受監管，仿冒藥物已被發現含有白堊、磚灰油漆甚至殺蟲劑等成分。經營這些業務的企業將難以獲得長期成功。

　　跟隨者能賺多少呢？正常情況下會少於領先者。一項對食品加工行業的調查顯示，最大的公司平均投資回報率是16％，位列第二的公司是6％，第三位是-1％，第四位是-6％。難怪通用電氣的前首席執行官傑克·威爾許（Jeck Welch）會推行「數一數二戰略」：每個項目都必須達到市場前兩名。跟隨者戰略不是長期可盈利的途徑，除非通過產品改良抓住了產業週期彎道超車。

市場利基者戰略

　　較小市場占比的公司除了在大市場裡成為跟隨者外，另一個選擇就是在小市場裡成為領先者，我們稱之為利基者。小公司應避免與大公司競爭，選擇大公司不感興趣的小市場作為目標。隨著時間推移，這些市場最終也很可能形成大規模。行業新進入者也應該首先將目標對準一個利

基市場而非整個市場。

　　利基者通過明智的市場利基來獲取高額利潤。這些公司非常瞭解它們的客戶因此它們能通過提供高價值、收取溢價、降低製造成本和營造強勢公司文化的方式，比競爭對手更好地滿足客戶需求。市場利基者實現高利潤（high margin），而市場領導者擁有高銷量（high volume）。

　　為了與佔有較大市場占比的競爭對手Fender和Gibson競爭，保羅・用德・史密斯（Paul Reed Smith）創立了PRS Guitars公司銷售「斯特拉迪瓦裡水準的吉他」。PRS的樂器都是由精細挑選的紅木和楓木製造的，在窯內烘乾打磨五次，並漆八次薄層漆完工。PRS吉他價格不菲，從3000～60000美元不等，但頂級音樂家卡洛斯・桑塔納（Carlos Santana）的代言和聲譽良好的零售商如曼哈頓的Rudy's Music Shop的分銷幫助品牌在市場站穩了腳跟。

　　市場利基者有三項任務：創造利基、擴大利基、保護利基。

・**創造利基：**成功獲得市場利基的關鍵是專業化，通過專門化服務提高公司自身專業化程度，不斷強化

競爭優勢。

- **擴大利基：**利基者應選擇代表未來趨勢、當前小眾的利基市場，如高端定制業、寵物服務業等，並且像行業領導者一樣擴大利基市場的規模。

- **保護利基：**市場利基戰略的風險在於，如果市場利基枯竭或遭遇攻擊，公司可能陷入困境，因為它擁有的高度專門化資源可能無法在其他領域得到發揮，因此公司必須不斷創造新市場。利基者要堅持市場利基戰略，但無需堅守某個利基市場，因為多重利基市場戰略比單利基市場戰略更可靠。佔領兩個或者多個利基市場，公司就能提高存活幾率。Zippo成功地解決了利基市場萎縮的問題。

隨著吸煙的人越來越少，Zippo打火機發現其標誌性的金屬打火機市場正在衰竭，銷量從1998年的1800萬件降低到2011年的1200萬件。行情不好，Zippo的行銷人員意識到，他們需要發展出新的利基市場將對煙草相關產品的利潤依賴度降低到50％左右。為了實現目標，他們推出了一種細長型可用於點蠟燭、烤架和壁爐的多用途打火機；並

通過零售商Dick's Sporting Goods、REI和True value推出了一條包括暖手爐和點火器的戶外品產品線；還收購了刀具製造商W.R.Case & Sons Cutlery。此外，Zippo還通過推廣新設計如貓王和花花公子標誌的打火機，繼續佔領打火機市場的相當一部分市場占比。市場利基者的增長戰略可以表達為圖1-6。

圖1- 6

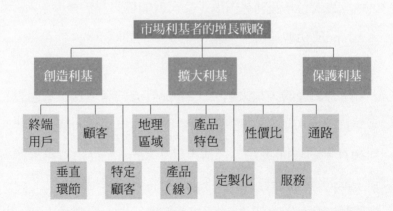

正如我們在本章開篇頁的那句話，增長是市場戰略最需要指向的靶心。從市場增長考慮的面向和資本不一樣，兼併收購更多從資本面向進行擴張，然而遺憾的是大多數資本性的增長並沒有獲取企業的競爭優勢。而從市場戰略的視角看，真正的增長來自於客戶，來自於市場需求，需求管理是市場行銷的本質。所以，定義市場，本質上是

圖1-7 基於需求的成長矩陣

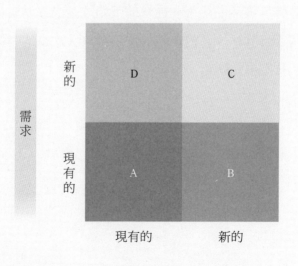

定義需求。所以雖然前面我們給出了不同公司在不同情景下的市場戰略情景規劃，但是這些戰略是否成功，是需要建立在客戶與需求基礎上的。所以，在本章最後，我們給出一個2乘2矩陣（上頁圖1-7），它將刻畫出你潛在市場容量的新大陸到底在哪兒，它是你所有需求細分市場的總和。根據這個矩陣，你所要思考的問題是：你還可以滿足哪些客戶的需求？

　　從增長路徑出發的市場戰略，就是CGO乃至CEO的核心職能。實話講，大部分公司的戰略部形同虛設，因為他們討論的都是規劃，而不是基於市場所產生的增長和面對市場彈性靈活的決策。純粹的戰略規劃已經變成了「鬼話」或「神話」。基於市場的增長戰略，才是下一輪企業戰略的核心與起始點。

CHAPTER

2

從數位化轉型出發的
市場戰略

> 數位化轉型是企業從
> 原子時代走向比特（bit）時代的路徑，
> 而大多數公司的市場戰略還建立在前一個時代，
> 數位化轉型最鋒利的切口只有一個，
> 那就是——Marketing。
> 離開市場戰略討論數位化，必然不會成功。

CEO和CMO的市場轉型困惑

對今天，如果不談數位化，那麼企業基本沒有在談未來的戰略。可是數位化的入口究竟在哪兒？一個有意思的現像是，很多公司宣稱自己需要或者有數位行銷戰略。我們對200餘家企業進行了調查研究，其中有1／3的企業屬於所在行業中的領導者。我們與他們的CEO、CMO、CFO、行銷負責人等進行了縱向溝通，深度交流他們在數位行銷實踐上的想法與效果。基於對這些企業數位行銷方面的資料和訪談，我們發現：81％的企業都認為數位行銷

是自身行銷轉型的關鍵，關乎數位化時代對消費者需求、通路等各項指標轉移與轉型情況的敏感反應；72％的企業宣稱自己實施了數位行銷戰略，但是這些數位行銷的實施主要還是停留在社交媒體工具、網路行銷等層面；68％的企業宣稱自己只是沒有系統數位行銷戰略（對「系統戰略」的理解不一致，在實際訪談中我們發現這個比例可能超過90％）；更重要的是，58％的企業宣稱數位行銷績效沒有達到預期效果。為什麼會有這種狀況？一言以蔽之，這種數位行銷並沒有回歸到市場戰略。

如同戰略專家理查・魯梅爾特（Richard Rumelt）在《好戰略、壞戰略》中說，「也許沒人會否認自己擁有戰略，但是你的戰略卻未必是好的戰略」。當深入與諸多企業的行銷決策層進行交流，我們發現背後的問題出在戰略思維的缺失，或者稱之為「好的戰略思維」的缺失。

在市場戰略實踐中，大多數企業高階主管對數位行銷還是處在「跟隨式」的思路，這種跟隨反映在兩個面向：第一是依據行業領袖做法而跟隨。比如小米依據社交媒體傳播、強化客戶的參與感，建立起MIUI，於是大量的跟進者也採取同樣的方案來佈局，但是佈局完卻未見到小

米式的效果；第二是依據互聯網基礎建設和工具的升級而佈局，如Facebook興起時就佈局Facebook，微信來了佈局微信，網路視頻流傳時又開始做企業的網路視頻片，追著社交工具的更新而更新，卻只見樹木不見森林，更不見效果。2016年伊始，對於這種「跟隨式」佈局，缺失藍圖的做法，科特勒諮詢集團曾提出過「戰略碎片症」的概念。在與大量的行銷高階主管訪談中我們發現，企業目前的數位行銷戰略設計水準就如「盲人摸象」一般，缺失整體數位行銷戰略的佈局。微博行銷、微信推廣、DMP（Data Management Platform，資料管理平臺）、流量等，各種戰術性的概念似乎成了數位行銷戰略的代名詞。

　　數位行銷絕對不是微信、微博、Facebook、DSP（Demand Side Platform，需求方平臺）、LBS（Location Based Services，　基於位置的服務）等各種行銷工具的低階組合和幾何疊加，正如人類戰爭史以來槍炮從來是領軍將相的「器物」一樣，更為上者乃為「兵法」，從春秋時代孫子的《孫子兵法》到普魯士時代馮・克勞塞維茨（Carl von Clausewitz）的《戰爭論》，中西皆如此。

　　如今這些名詞性的熱潮紛紛退去，企業家和行銷管理

者回歸冷靜、回歸到工作的本身。在我們日常做諮詢顧問的過程中，好問題湧現：如何整合性地運用數位行銷工具，邏輯何在？如何形成全面的、系統的數位行銷戰略，藍圖何在？首席市場官、市場總監甚至是CEO們回歸到最關心的問題：如何從高層管理者的視角，去審視、去規劃、去營運、去管理數位行銷。企業的位置決定了看待問題的視角，企業高層更關注高屋建瓴的系統，更關注頂層如何設計，更關注全域的實施藍圖。

根據我們的諮詢經驗，CEO、CMO和其他企業高階主管考慮的問題和困惑有：

- 數位行銷如何與公司的「互聯網+」戰略相結合？
- 數位行銷戰略在整體數位戰略中發揮何種功能？
- 數位行銷戰略究竟解決的是品牌與通路的升級問題，還是整個行銷模式的顛覆？
- 和傳統行銷相比，數位行銷在行銷的戰略環節上，究竟哪些變了，哪些沒有變？
- 行銷如何和資料進行結合，在哪些面向上結合？
- 數位時代品牌應該如何建？

- 有沒有高速有效的「快品牌」方式？
- 是否要建立新的行銷組織？如果是，如何建？
- 如何與傳統的職能有效融合？
- 數位行銷號稱ROI（Return on Investment 投資回報率）可追蹤，那作為高階主管應該如何衡量數位行銷的績效呢？

　　這些才是市場戰略切入的數位化，所以Facebook的創始人祖克伯（Mark Elliot Zuckerberg）說，社交媒體僅僅是企業數位化的手段，當市場戰略目的偏離時，投資大量的DMP、資料中台，最後得到的將會一堆沒有意義的數字。

數位時代的戰略變化

　　問題是最好的養分。這些問題共同指向了底層而核心的問題：隨著時代的發展和技術的變化，行銷對於世界的本質意義是否已經發生了變化？數位時代對企業而言，是一個新的「市場行銷時代」，從思考市場思維方式到運作市場

行為的全新反覆運算。具體而言，有五大時代的變化：

- **用戶群體構成的時代性變化：** 我們以中國市場為例
  說明，由於社會的老齡化，新一代消費群體正在崛
  起。調查機構「尼爾森」的資料就顯示，中老年消
  費者人口占比30％，年輕群體的消費占城市消費增
  長的65％。「90後」、「00後」年輕一代消費群體
  是未來拉動消費增長的主力。此外，消費升級與消
  費降級現象並存，我們既能看到中產階級對於高顏
  值、高價值產品的趨之若鶩，也能看到小鎮青年對
  拼多多的癡迷。
- **價值通路的時代性變化：** O2O（Online To Offline，
  線上到線下）、新的網路品牌逐漸崛起；全通路、
  新零售正在快速發展；傳播、交易、客戶關係方式
  不斷融合，客戶變成企業二次、三次傳播的通路。
- **用戶行為的時代性變化：** 最顯著的變化是用戶從簡
  單的購買者變成了購買商。
- **產品的時代性變化：** 產品既是品牌與使用者交易關
  係的結束，也是和用戶建立更深入關係的開始。

- **促銷的時代性變化：**補貼試用的再度風行，體現了用戶價值的回歸；而企業降低用戶的首次試用成本，是對使用者和企業自身產品誠意的一種致敬。

企業所佈局的一切，包括內部供應鏈管理、IT、ERP（Enterprise Resource Planning 企業資源計畫）管理。從市場競爭角度來看，都要以使用者持續交易與價值為基礎，否則即變成企業的自說自話。企業想要實現市場增長，首先要提升用戶感知價值，這意味著企業要提升使用者對於產品品質感的認知，而產品要擁有品質感，首先品質要強大。其次，降低用戶使用成本。企業應採取基於用戶價值的用戶管理體系，以提升用戶轉換率，把用戶鎖定在用戶池中。不再是僅僅滿足於單純地與使用者建立交易關係，而是要圍繞品牌文化和用戶建立情感關係，例如展開主題明確、形式豐富、互動感強的線下體驗活動等。這是實現客戶資源持續拓展的先決條件，也是必要條件。第三步，在關係杠杆層面，企業要大力推行用戶通路化變革，通過用戶甚至是其義務性的二次、三次傳播，形成口碑效應，最終實現指數型裂變和增長。

　　數位化轉型的背景究竟是什麼？移動互聯、萬物互聯網使得人與人、人與產品、人與資訊可以實現「瞬連」和「續連」，這種高度連接產生了可以追蹤到的資料軌跡，使得消費者被比特化。行銷的每個環節可以用資料來說話，並在連接中實現消費者的參與，實現企業的動態改進。這一切的一切，都是前數位時代無法想像的。

　　以上五個要素拼合在一起，我們可以說數位時代的行銷真正可以實現「貫穿式客戶價值管理（Synchronizing Customer Value Management，簡稱SCVM）」。SCVM是繼CRM（Customer Relationship Management 客戶關係管理）之後的革命性行銷範式。它的核心理念是：基於客戶全生命週期，協同組織各部門實現閉環式客戶價值管理和增值管理。在數位時代，由於客戶消費場景化，通路多元融合化，服務和產品一體化，品牌傳播即時化，因此企業就必須打通研發、行銷、銷售和服務環節，以客戶價值為核心帶動公司的銷售收入和利潤增長。其中，關於客戶的全方面洞察和全生命週期管理成為關鍵，而獲得更多優質客戶、提升客戶錢包占比、提升客戶終生價值就是實現業績增長的具體手段。

好的數位市場戰略、壞的數位市場戰略

　　既然不可避免的要面臨在數位時代的競爭，那麼如何構建富有競爭力的數位行銷戰略第一步是：能夠分清什麼是好的數位市場戰略，什麼是壞的數位市場戰略？判斷標準是什麼？我們深知，沒有哪家企業的CEO或者CMO、CSO會宣稱自己沒有戰略，哪怕他們把經營計畫、規劃檔等同於戰略，而如同戰略大師理查・魯梅爾特在《好戰略、壞戰略》中說，也許沒人會否認自己擁有戰略，但是你的戰略卻未必是好的戰略。

　　好戰略通常具有下列基本的內在結構：第一，診斷：解釋挑戰的性質。好的診斷會把所處形勢的某些方面確定為關鍵點，從而將通常極為複雜的現實化繁為簡。第二，確立指導方針：針對診斷中所確定的問題難點而選擇的應對總方針。第三，形成有條理的行動：相互協調的、為支持指導方針順利執行的若干步驟。同樣的，落實到數位市場層面的戰略，也有好的數位市場戰略與壞的數位市場戰略之分。從工具層面，也許大家都用了類似的工具，然而做出來的結果天壤之別，很多情況下是因為使用這些數位

工具時沒有指向「本質」。我們認為，以下五點可以判斷此市場戰略是否真正實現了「數位化」，它們是：

連接（Connection）

如果我們把互聯網的進程按照典型的歷史階段，或者參照地質年代來進行劃分（如寒武紀、侏羅紀、白堊紀），可以總結為五個進化階段：第一個階段叫做「資料」（digital）階段，其開啟是1969年是使用包交換技術的真實網路的誕生，這時代是單體的電腦之間在少數的機構（如實驗室、大學）中進行連接；第二個階段是「互聯網數位媒體」（digital media）階段，這個階段為從世界90年代開始，1995年「網景瀏覽器」（Netscape）推出以來，隨後10年間我們見證了約5億台電腦以工作場所、家庭為基礎，在全球不斷增加的互聯。作為門戶網站，Google當時作為專業的資訊搜索工具出現，資訊的傳送、抓取和獲得變得容易，而這個時代互聯網更多的是作為資訊變革的工具，於是第三個階段「數位商務」（digital business）開始興起，1994年貝佐斯（Jeff Bezos）提出了20種他認為適合於虛擬市場銷售的商品，包括圖書、音樂

製品、雜誌、PC硬體、PC軟體等。最後，在圖書和音樂製品中，他選擇了圖書，20年後，亞馬遜變成了一家超級電子商務公司，其2013年淨銷售額達到了744.5億美元。第四個階段我們把它叫做社會化網路階段（social net），從起始點來看，它其實與互聯網的第二、三階段差不多同期起步，最典型的是ICQ及中國國內的QQ，然而這些應用工具真正發力要到了第四階段，即2006年後至今，社會化媒體網路如Facebook、twitter，中國當年的開心網、以及微博、微信的興起，這個時候的互聯網更多是基於手機端開始發力，所以也被稱之為「移動互聯網時代」，《連線》雜誌的專欄作家克萊舍基（Clay Shirky）將其稱之為「人人時代」；而現在，我們已步入一個「社交化商業（social business）」時代，由於社交媒體（Social Media）的發展和成熟，企業能夠在這種環境的基礎之上進行商業活動，傳統的社交網路轉變能為商務活動提供底層溝通支援，使得基於社交媒體的商務模式——社交商務出現。社交商務某種意義上就是今天以社群為基礎的行銷，它可以深化客戶關係，甚至讓客戶參與到企業的產品創造與營運中去。

　　從互聯網的進化史中，我們不難看出一條主線若隱若現地貫穿其中，如果我們要找一個關鍵字概括這條主線，就是：連接。在這個進化的過程中，人與人連接在一起，連接得越來越緊密，速度越來越快，廣度深度與豐滿度越來越強，在任何時候（Anytime），任何地方（Anywhere），任何事情（Anything）都在這條進化的路徑中被連接起來，突破了時空的邊界，連接成整個人類生存的狀態。

　　「連接」是我們互聯網、數位時代的本質之本質。如果說「互聯網+」的時代、數位時代有100個特點，那麼其原定律一定是連接，只有在連接的基礎上才可以去談「免費的商業模式」，談「社群」，談「去仲介化」，談「粉絲經濟」，談「平臺戰略」。新經濟的本質就是以互聯網為基礎，把所有的事物連接在一起，在此基礎上進行業務模式與業務營運的創新。正如線上視頻網站Maven Networks創始人希爾米・奧茲加（Hilmi Ozguc）所說：「互聯網解放了我們的時間，給予我們選擇的自由。現在，又讓我們擺脫了空間的束縛，而這種自由的獲取，是在連接的基礎上產生的。」

　　互聯網的未來正是連接一切，連接型公司的重要目標是創造更多的連接點，成為一個開放平臺，繼而圍繞著這個開放平臺構建起一個大的生態鏈。如騰訊所言：傳統互聯網時代，騰訊連接的是人與人、人與服務。但移動互聯網時代，連接變得更加複雜，超越了單純的人與人、人與服務之間的連接，融合進了人與線下、線上與線下等的連接因素。那面對CEO和CMO們，我們要問：你的數位市場戰略，是否有效實現了「連接」？

消費者比特化（Bit-Consumer）

　　在數位時代，所有的消費者行為都可以被記錄並跟蹤。企業在制定數位市場戰略時需要考慮如何有效地獲得核心消費者的行為資料，並時刻關注這些行為的變化，更好地把握消費者動態。一位Facebook的實習生巴特勒（Paul Butler）利用資料完成了全世界Facebook的用戶以及用戶之間的聯繫視覺化後形成的圖像。具體來說，就是將每座城市登錄Facebook用戶數量和用戶之間的關聯頻度用暗藍色到白色的線段來表示，到當年統計年的夏天，Facebook的活躍用戶數已經超過了5億。不誇張地說，只

需要像這樣描繪一下使用者的關聯情況圖，你就能得到一幅比較完整的世界地圖。在圖中你甚至可以清晰地看到美國和歐洲的大城市和人口狀況，而圖像中使用者少的地區代表當地人口也相應的少。

這種由於即時、互聯、資料生成，個人以及人群的行為互聯網可以通過資料來儲存、描述和追蹤，我們變成了一堆可以連接到的數位。每一天，我們的身後都拖著一條由個人資訊組成的長長的「尾巴」，我們——點擊網頁、乘坐軌道交通、駕車穿過自動收費站、在銀聯商戶上支付、使用手機，而阿里巴巴、Google這樣的公司，正在以平均每人每月2500條資訊的速度，捕獲我們的詳細資料。令人震驚的是，這些資訊幾乎已經等於我們的行為。

由於我們變成了一堆可以連接的數位，我們的生活形態完全可以通過資料來重現，甚至現今世界出現了「數位遺產」的問題。英國已經出現了保管數位遺產的服務，使用者過世後，保管人就可以憑藉死亡證明和相關帳戶名和密碼，向相應的機構要求獲取使用者留給他們的數位遺產。這些數位遺產包括：虛擬貨幣、社交媒體使用者帳號、密碼、遊戲裝備。我們所有的資訊都變成了一堆數

位。可以追蹤的數位、互聯的數位已經可以揭示人類社會發展的軌跡。

　　未來10年之內，全球的資料和內容將增加44倍。大數據時代撲面而來。憑藉大資料收集、分析和決策，行銷的過程可以透明化，能否將自己的消費者與客戶比特化，並進行追蹤與分析尤為關鍵。很多零售店已經開始進行「消費者與消費行為比特化」的改造和升級。以Prada的零售店為例，已經可以做到將所有的衣服都貼有新型條碼標籤。有了新型條碼之後，一件衣服被消費者拿起、放下或者試穿的資訊都會準確記錄，並傳遞到後臺的管理系統上。這樣試穿過多少件，甚至衣服被拿起放下多少次，這些資料都將通過分析詳實的資料資訊，為服裝企業下一步的產品開發、設計或者進貨指明精確的方向。蘇甯24小時BIU無人店能夠通過控制感應門、感應燈、溫度調控的全感知中控系統、人機交互系統、支付系統、自助收銀系統、快速結算槽系統等一整套無人店智慧營運系統的應用，獲得消費者群體分佈、活動軌跡、到訪記錄、消費行為或喜好等諸多詳細資訊，實現使用者從刷臉入店到結帳付款僅需「刷臉」一個步驟。消費者只要正常出入閘門，即可被系統

捕捉識別，實現「無感知」進入。不僅大大提升了使用者體驗，而且線下資料與線上資料打通，明蘇寧實現了營運優化、提高了銷售轉化，實現「人、貨、場」的重構。

資料說話（Data Talking）

　　數位行銷的核心之一就是資料的誕生、採集與應用。資料是在真實的互動行為中所產生的，這些資料包括基於使用者的使用者屬性資料、使用者瀏覽資料、使用者點擊資料、使用者交互資料等，以及基於企業的廣告投放資料、行為監測資料、效果回饋資料等。這些資料可以讓企業更加瞭解客戶，也可以讓企業自身更加清楚地監測自身數位行銷戰略是否有效，從而及時進行調整。大資料的價值曾被人們稱之為新的石油。看似多維多樣的資料通過科學的分析解讀，使得企業能夠通過分析結果來得到行業發展現狀以及預測行業發展趨勢的能力，通過無形的資料創造有形的財富價值。在2015年騰訊全球合作夥伴大會「互聯網＋微信」的分題論壇上，微信官方第一次公開了微信使用者資料：

- 60％微信用戶是年輕人（15～29歲）；
- 年輕人平均有128個好友；工作後好友會增加20％；
- 58％異地通話是年輕人；
- 年輕人購物高峰是在早上的10點和晚上10點；
- 在城市滲透率方面，一線城市滲透率達到93％，二線城市為69％。在三到五線城市，微信滲透率不到50％，仍然較大的增長空間；

　　資料說話就是營運決策資料化。在資料積累、資料互通階段，資料化營運並不十分迫切，但當資料來源建立起來，以用戶為中心的跨屏互通之後，如何分析、如何實現智慧型的視覺化的資料呈現尤其重要。資料說話要跨越決策者和行銷管理人員的主觀判斷，建立一套數位說話系統。

參與（Engagement）

　　這是要讓消費者參與到企業市場戰略之中。在數位行銷時代，消費者所反映的資料成為企業制定行銷戰略時最重要的一環，那麼消費者在企業的行銷過程中理應佔有更重要的話語權。消費者可以被看成非企業管轄的，卻同時

保證企業正常、高效運轉、推動企業決策的外部員工。參與到企業從產品設計、品牌推廣、活動策劃、通路選擇等方方面面，讓消費者對企業產生歸屬感。這樣的企業提供的產品和服務更容易滿足客戶自身需求，同時為企業贏得更多信賴和市場。

維基百科的形成是典型的客戶參與的案例。目前維基百科的英文版已經創建了385萬個條目，在全球282中語言的獨立運作版本更是超過2100萬個條目，登記用戶超過3200萬人，總編輯次數超過12億次。維基百科在全球前50大網站中排名第五，並且是唯一一家非營利性機構營運的網站。它的月均頁面瀏覽量達到190億次，而網站的營運預算費用卻遠低於其他網站。

參與也可以在組織的內部產生，去收集內部成員和相應圈層成員的智慧。IBM採用的方式是兩年一次的Innovation Jam（即興創新大討論）。在最開始三天的時間裡，高階主管會設定議題，並展開線上的頭腦風暴會。這些創意點子會上傳到線上，被討論、延伸，美國和亞洲同時線上討論。在2008年10月份的Innovation　Jam上，一共有5.5萬名IBM員工參加，並有5000名特別邀請的客戶和員工家

屬參加，以共同尋求新的創意和解決方案。然而當Inno-vation Jam第二階段的時候，討論更聚焦於可行性分析。最後，IBM會從中選出10個最好的想法，投資1億美元支撐這10個想法的執行，而這10個想法也正是IBM未來要發展的10項新商業計畫，比如智慧醫療支付系統、智慧基礎設施網路、整合大眾交通資訊系統、數位化的我、3D互聯網等。I2R（Idea to Reality 從創意到現實）是英特爾中國從2013年起在全公司開展的創新專案，2017年項目推出StartupX，任何英特爾的員工都可以線上提交自己的創新想法，評選入圍的團隊可以進入創業者紮堆的創新加速器XNode。英特爾通過這樣的方式 明員工把創意轉化為產品，並最終把產品推向市場。在過去的兩年，通過I2R項目，英特爾已經收集了超過600個創新想法，約50個加速器的專案成功實現產品問市，僅僅2018年就創造了1600萬美元的增收。

動態改進（Dynamic Improvement）

企業在獲得消費者行為資料之後，首先需要對資料進行分析，然後根據分析的結果調整自身策略。由於現在消

費者資料更新頻率非常快，所以企業在自身戰略調整的時候也需要快讀反覆運算，動態改進。以萬變應萬變，保證當下的數位行銷策略與當前消費者行為時刻吻合。

中國廠商「朝陽大悅城」在零售行銷上的動態改進，就是以客流量和消費者動線等大資料為基礎來部署，所有的行銷、招商、營運、活動推廣都圍繞著大資料的分析報告來進行的大戰略，他們的具體策略包括：

根據超過100萬條會員刷卡資料的購物車清單，將喜好不同品類不同品牌的會員進行分類，將會員喜好的個性化品牌促銷資訊精準進行通知。朝陽大悅城在商場的不同位置安裝了將近200個客流監控設備，並通過Wi-Fi網站的登錄情況獲知客戶的到店頻率，通過與會員卡關聯的優惠券得知受消費者歡迎的優惠產品。經過客流統計系統的追蹤分析，提供解決方案改善消費者動線。比如4樓的新區開業之後，客人總是不願意往裡走。因為消費者熟悉之前的動線，所以很少有人過去，導致該區域的銷售表現一直不盡如人意。為此，招商部門在4樓新老交接區的空區開發了休閒水吧，打造成歐洲風情街，並提供iPad無線極速上網休息區。在整體規劃調整後，街區新區銷售有了顯著

改觀。

　要獲得動態改進，CMO、CEO和CIO還可以一起建立「管理駕駛艙」（Management Cockpit，MC），管理駕駛艙是基於ERP的高層決策支援系統。通過一個系統的指標體系，可以類似股市操盤圖，即時反映企業的運行狀態，將採集的資料形象化、動態化、系統化。管理駕駛艙融合了人腦科學、管理科學和資訊科學，以決策者為核心，為高層管理層提供的「一站式」（One-Stop）決策支援的管理資訊中心系統。這種駕駛艙的建立核心是確立有效的指標體系，頂層指標越簡化，越容易管理。駕駛艙可以通過各種常見的圖表（速度表、音量柱、預警雷達、雷達球）標示企業運行的關鍵指標（KPI：Key Performance Indicator），直觀地監測企業營運情況，並對異常關鍵指標預警和挖掘分析。當企業高層管理人員步入管理駕駛艙，所有與企業營運績效相關的績效指標（KPIs）都將以圖形方式顯示在四周的牆壁上。這種動態改進的方式可以使得決策從周過度到天、甚至是小時。

數位市場戰略的層級

　　談完五大屬性之後，我們在看數位市場戰略的層級。現在談數位化轉型，可以從組織談，可以從企業文化談，但是真正最終落實靠的是市場戰略。為什麼？因為市場戰

圖2-1　真正實現數位化轉型的核心：以市場戰略為核心的轉型

科特勒：基於市場戰略的數位化轉型框架

略或行銷直接定義了客戶與企業的接觸面。其他的轉型模式都是來支援客戶體驗和客戶價值的。

　　從CEO層面看，我們將數位時代的行銷戰略比作一個金字塔（見圖2-1），分為上中下三層。最上層是董事會與公司高層要決策的，即數位市場的進入戰略。這是一個典型的以市場為導向的戰略決策，公司要不要進入和擁抱數位互聯網？如果擁抱，有哪些核心的業務模式轉型？有沒有可能以數位連接為基礎，形成一套新的業務商業模式？如果要實現，如何避免與傳統模式與業務的衝突？在這裡有五種路徑。它們是：共用式重構市場、產品／服務成果化重構市場、去仲介化重構市場、平臺式重構市場和生態式重構市場。

- 第一個是共用重構，比如Jetshare對私人飛機共用、yardclub對工程機械共用，還有共用技能、共用金融等。顛覆者有效利用和分享他人閒置的資源，創造價值與滿足客戶需求，從而獲取回報。作為企業顧問，我想問，你的行業業務可以共用嗎？
- 第二個是產品／服務成果化重構市場。什麼意思？

顛覆者利用網路使資產智慧化，或者為資產提供基於使用的雲服務。比如NIKE現在已經成了最大的運動社交資料公司之一；美國也推出了按照治療效果付費的藥物，通過感測器監測你的病情並個性化用藥；巴賽隆納搞了一個「為笑埋單」俱樂部，啟用了面部表情識別技術，衡量觀眾對演出的喜愛程度，每個座位後面裝了一個計算器，計算每個觀眾笑了多少次，觀眾每笑一次只需支付0.3歐元，封頂24歐元。俱樂部因此收入增長了25％。同樣，你的行業業務可以共用嗎？

- 第三個是去仲介化。舉一個有意思的案例，我們一位朋友出來創業，投資了一家酒業公司。酒水行業核心戰略咽喉有兩個點：一是品牌營運的能力，二是通路終端的操控力。但是終端的推廣費用，比如餐飲場所，實際上被各個環節吃掉，造成了終端投入的費用根本沒起到應該起到的效果。因此，他設計了一個App，每個終端服務人員掃進去，每推出一瓶酒，紅包直接通過App返給終端服務人員。做了一個季度之後，產生了三個效果。首先，原有的

仲介環節截留不了推廣費了；其次，1萬多個促銷人員被他直接用App紅包刺激管起來了；再次，每掃一次，他的後臺都能看到即時更新的資料，就能迅速調整通路投放策略與資源。

- 最後兩個是平臺化重構市場和生態化重構市場。平臺市場以前很多是B2B（Business-to-Business企業對企業）、B2C（Business-to-Customer企業對消費者）或者C2C（Consumer-to-Consumer消費者對消費者），現在C2B（Customer-to-Business消費者對企業）很關鍵，生態型戰略這個概念現在講了很多，但是有一個關鍵點在於：定位你業務的邊界到底在哪兒。大陸的樂視公司就碰到這個問題，當你說你自己什麼都能做的時候，你最終什麼也做不了。企業家要講做事的邏輯，否則戰略變成了神話故事。

上面五點是傳統企業進入數位化的五條基本清單，而後我們來談行銷連接，這就是科特勒諮詢集團提出的數位行銷4R。

數位市場行銷戰略模式4R

美國西北大學的凱洛（Kellogg）管理學院的行銷學人索賀尼（Mohanbir Sawhney）說，目前行銷在數位化方面最大的問題有三個：一是有工具沒有戰略，二是有資料沒有整合，三是有打法卻沒有閉環（反饋控制的系統）。我們把數位化戰略平臺的行銷實施的核心總結為4R，分別是Recognize（消費者數位畫像與識別）、Reach（數位化覆蓋與到達）、Relationship（建立持續關係的基礎）、Return（實現交易與回報）。你會發現這4R形成一個管理迴圈（見圖2-2）。

R1：Recognize／數位化畫像與識別

Recognize是第一步，用資料技術去勾勒出消費者和市場當中的各種特質，包括消費者身份特徵、行為特徵、心理特徵，從而去勾勒出消費者更為完整和豐富的原型。

- 身份型的資料，包括性別、年齡等。比如一家奶粉企業如何去識別自己的客戶？10年前在母嬰醫院門

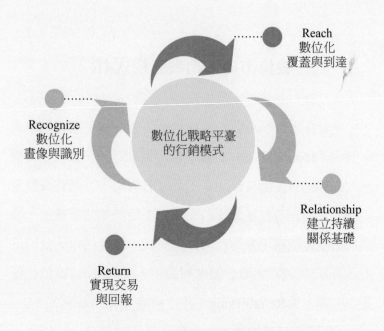

圖2-2　科特勒行銷4R實踐

口發傳單，一個客戶一個客戶拉上線去，這是傳統時代。現在每個人都有手機，其實手機已經洩漏了你很多的秘密，比如你裝了什麼樣的App，有沒有寶寶樹、母嬰盒子，通過這些App的行為，你能大概知道消費者處於一個什麼樣的週期。還可以按照地理方式來進行識別，比如當你進入婦幼醫院就可

以識別出來。

- 行為型的資料會通過你的日常行為透露出一些偏好。比如很多人用搜索引擎搜尋，產生的關鍵字其實就反映了你和某些商品之間的連接。比如你在騰訊社交媒體網路，能夠反映出你和哪些關鍵人進行連接，那我在做媒體推介的時候，就能夠識別出哪些人屬於關鍵意見領袖。還有電商，電商的資料就更豐富了。比如你是個新品類，在電商當中到底排第幾？你的競爭對手是誰？競爭對手到底賣給了哪些客戶？這些客戶是不是你的客戶？整個市場有多大？如果你學會應用資料，就能夠把這些東西看得非常清晰。

- 心理型的數據。對行銷來講，不只是要看相關，還要看因果。因為知道因果之後才會有洞察。Burberry在很多貨架背後放了感測器和探針，每個消費者進去，它能夠知道這件衣服有多少人拿起來、多少人試過、試過之後多少人買單，就可以推測出這個貨品出現在什麼樣的地方，去調整它的整個行銷策略。Burberry和Prada在衣服內植入RFID（Radio Fre-

quency Identification射頻識別）電子晶片，當客戶拿
著一件商品走近店內公共區域或試衣間裡的智慧螢
幕時，RFID晶片會自動被識別，客戶馬上就能看到
這件商品的工藝說明、模特展示照等資訊。同時，
衣服被拿進多少次試衣間、每次停留多長時間、最
終是否被購買等資訊，都會通過RFID進行收集以進
行資料分析。這意味著，無論是否成為最終的購買
客戶，每一位走進門店的消費者，都將會參與到商
業決策的過程之中。

在數位化時代中，我們主要談的是目標消費者的整體
分析，大多通過樣本推測與定性研究。數位化時代最大的
變化在於可以通過大資料追蹤消費者的網路行為，如對
Cookie的追蹤，SDK（Software Development Kit ，軟體開
發套件）對移動數位行為的追蹤，支付資料對購物偏好
的追蹤，打通這些行為追蹤可以形成大資料的使用者畫
像，這些技術手段與行銷思維的融合是數位時代最大的
變化。例如京東通過消費者畫像，為其用戶列出了300多
個標籤特徵；海爾集團的消費者畫像則分為7個層級、143

個面向、5326個節點使用者資料的標籤體系。數位化畫像與識別是指，用資料技術勾勒出目標客戶／消費者以及市場客戶／消費者的行為特質，洞察用戶的需求及滿足狀況。從市場競爭的角度，企業應該識別和洞察3個核心主題：WHO（誰是我的目標使用者）、WHAT（他們需求背後的需求是什麼）、以及HOW（如何定義自身業務）。企業戰略的要點在從客戶所需出發，以己所長，攻人所短。

　　「識別」尤其是行銷戰略的「頭部問題」。在網路空間，企業通過標籤這一識別屬性識別目標客戶。值得企業反思的是其自身思考力是否限制了競爭力。識別需求的關鍵在於從產品到問題，從價格到價值，洞察需求以及需求背後的需求。識別目標使用者則意味著從重視產品差異升級到使用者差異，分析現有客戶、開發潛在客戶，在尚未成為藍海的領域中開闢新的空間。值得企業家們謹記的是，用戶最關注的是需求而不是產品。因此在個人價值、社會價值等深層次滿足客戶的要求成了當下產品設計和推廣的重點。

　　因而企業可以定義自己的「生意觀」，這體現了不同企業的戰略智慧和企業家的風格。應從企業的使用者視角

去定義使用者，用整體方案吸引客戶的全部精力。如果用戶接受了被定義的場景，基於這種場景所做的任何產品和延伸周邊他都是樂意為之買單的。在此我們需要強調大資料和小資料結合的重要性，大資料能夠拓展、驗證樣本量。真正的洞察需要企業和使用者面對面交流，真正深入用戶的生活。

R2：Reach／數位化觸及與到達

　　Reach（數位化觸及與到達）是指，數位時代企業通過綜合運用傳統與數位化工具及通路，使資訊與產品有效觸達目標客戶的心智與購買場景。數位時代的觸達將重點放在消費行為的「縱」和「深」的變化之上。Reach是第二步，也是絕大多數參與數位行銷遊戲企業所實施的一步。以前觸達消費者的手段在數位時代發生了變化，如搜索、O2O、社交媒體、App、智能推薦、AR（Augmented Reality 增強現實）、VR（Virtual Reality 虛擬實境）、DSP等各種觸達手段，是前數位時代所完全不具備的。那麼，如何基於消費者畫像實施觸達，是企業需要採取行銷資料化轉型的基礎，讓技術、資料與客戶融合。

　　需要強調的是：Reach永遠是一個需要動態調整的過程。A／B test（A／B測試）是一種在做Reach過程中典型的拆分型分析。也就是說，你在同一時間去做兩個變體，然後進行訪問者的比較，比較當中的效果。比如阿裡用這個方法投放了一個感冒藥的廣告，首先投放過去，看看哪一幫客戶來進行點擊，哪一幫客戶點擊完之後還進行購買，把這兩個客戶群放在一起進行比較，發現他們的特徵有什麼不一樣，然後去勾勒出目標消費者的原型，再進行第二次的投放。這叫做精準性的投放，通過A／B test去改造你整個的投放模式。

　　做Reach要考慮三個面向的觸達：

- 觸達認知／觸及心靈（Reach to your mind）和觸達場景／觸及用戶（Reach to your hand）是市場競爭的兩項基本功。數位時代之前的傳統市場競爭時代，企業市場競爭的重點是通路與線下貨架空間，面對「心智空間」與「貨架空間」這一虛一實兩個空間的爭奪，市場上主要有「天派」與「地派」這兩大流派。

- 觸達認知意味著給用戶一個記住你的理由，始於有用，曉之以理；觸及心靈則是給用戶一個不離開你的理由，成於有愛，動之以情，將產品資訊直擊使用者心智，在解決實際問題的同時，更要能夠和用戶在價值觀層面形成深刻共鳴。江小白為我們提供了一個典型案例，它的成功之處就在於觸及了用戶心靈，所以即便它可能並不是很好喝，但是依舊非常火。值得企業家們深思的一點，就是市場最大的理性就是用戶不是純粹理性的。
- 觸達場景／觸及用戶則是最大可能為用戶提供購買便利。

社交傾聽則是另外一種常用的觸達用戶和場景的數位化工具。通過抓取社交媒體上的客戶評論，你可以非常準確地知道哪一幫人在讚美你，哪一幫人在給你負面評價。多芬通過調查推特資料發現：只有2％的女性將自己描述為「美麗的」，而98％的女性覺得自己長得不美。於是，多芬在2004年推出了「真美運動」（Real Beauty），並且在2013年的campaign《真美素描》（Real Beauty Sketches）

中，邀請了FBI素描肖像家吉爾‧薩摩拉為參與測試的女性畫出她自己描述的模樣和別人描述她的模樣。人們發現，原來大部分人眼中的自己都比自己描述的更美麗、更自信。多芬也想借此告訴女性「你比想像中的自己更美」，傳遞一種價值觀——你本來就很美。正是這種打動人的價值觀，獲得了女性的青睞與共鳴，在無形中為品牌建立起忠誠度。這叫做語音監測，叫做社交媒體型的觸達。社交紅利型的Reach，也就是今天的消費者分佈在很多很多的社群當中，如何把這個社群找出來，然後通過社群當中相互連線性的方式去做優化。

　　數位化時代資訊傳播方式的這些特點讓數位化資訊到達必然與傳統的資訊傳播有本質的不同。傳統的傳播方式運用在數位化環境中，需要進行相應的變化以適應這些特點，這必然會帶給企業較為強烈的衝擊，但其效率、其體驗程度、其作用效果都值得企業投入大量的資源和精力。我們根據資訊活動發起的方向、接觸客戶的直接間接方式，將數位化資訊覆蓋與到達劃分為四個類別：

・**類別1：主動推送型**。企業主動發起，通過某種方

式或通路向目標客戶直接推送資訊、建立關係的工具和方法。此類方法需要企業對自身的目標受眾有較為清晰的認知，並基於數位化的通路和方法向這些客戶推送相關資訊，影響客戶的資訊獲取、方案比較以及購買決策行為，比如數位化廣告、Email行銷、內容行銷都屬於此類方法。

- **類別2：主動展示型。**在客戶搜尋相應資訊的過程中，企業通過優化、完善相應的工具或內容以影響客戶看法或決策的方法。在早期的數位行銷之中，此類方法主要指的是搜尋引擎優化（SEO），旨在提升企業資訊在客戶搜索行為當中的優先順序。數位化技術的進步讓此類方法增加了更多的形式，企業可以通過豐富多彩的體驗吸引、影響、引導用戶做出利於企業的決策。比如社交媒體行銷、SoLo-Mo（「Social」社交、「Local」本地、「Mobile」移動）、App行銷都屬於這一範疇。

- **類別3：信任代理型。**企業主動發起，通過影響關鍵意見領袖（KOL）的方法間接影響目標客戶的方法和工具。進入以接收方為主的數位化時代之後，客

戶進行方案對比以及購買決策的過程會受到關鍵意見領袖的影響，這讓企業擁有了通過影響一小部分人進而影響大部分人的「杠杆行銷力」。只要能夠識別出對目標客戶有充分影響的KOL，會極大提升企業數位化行銷的效率以及效果。通過大V、網紅以及客戶偶像進行行銷的方法都屬於這個類別。

• **類別4：資產互換型。**通過外部機構合作的方式，將外部其他機構的用戶群導入到企業內部的方法，這是傳統行銷方法中交叉銷售工具經過數位化升級的一系列方法。企業需要對目標客戶有更清晰的認識，從而獲知誰才是能夠進行客戶資產互換的合作夥伴。在建立了資產互換關係之後，企業可以通過數位化平臺實現聯合推廣、定向推送以及銷售引流。

Reach是對行銷戰略的進一步推進，它不受空間限制，快速、效果明顯是關鍵所在。企業要努力增加和用戶的觸點，豐富接觸場景、做到全方位無空白，在流量、通路和品類等多方面尋找觸點，讓線上行銷與線下銷售通路高效協同。我們會發現，傳播通路、銷售通路、產品都

能成為企業與使用者互動的方式。可口可樂在《復仇者聯盟4》（簡稱《複聯4》）上映時，就與漫威合作設計了《複聯4》限定款零度可樂罐，將鋼鐵俠、美國隊長、黑寡婦、綠巨人、雷神和蟻人等6款角色設計的12款造型分別設計在零度可樂的包裝上，吸引漫威影迷購買可口可樂；並且在各大線下院線設立掃碼玩遊戲、發電單車、鋼鐵俠腕力比拼等互動派贈遊戲，來免費贈送《複聯4》限量禮盒，開展「無糖來襲，實力暢爽」的線上打卡活動，全方位增加用戶觸達場景。

R3：Relationship（關係）／數位化建立持續交易基礎

　　Relationship（數位化建立持續交易基礎）是指，在數位技術支援下，資訊與產品觸達（Reach）後，企業通過各種經營手段（數位與傳統），圍繞目標客戶所建立和保持的持續性互動狀態，以此奠定企業與使用者間持續的交易基礎。它應該作為Reach的後續步驟。我們發現，僅僅做完前兩個R，並不能保證數位行銷的有效性，因為只解決了瞄準、觸達的問題，沒有解決如何轉化客戶資產。這其中最關鍵的一步在於你的數位行銷「是否建立了持續交

易的基礎」。很多社群的建立與發展，例如MIUI這樣活躍
的品牌社群，可以保證企業在「去仲介化」的情境中與客
戶直接發生深度聯繫、互動、參與；這也是目前提到的企
業2.0形態，也是本書合著者之一菲利浦·科特勒在某次東
京會議上提到的「行銷4.0：明客戶來自我實現」。

　　企業經營的核心在於創造客戶和保留客戶。前者決定
了企業存在的基礎，而後者決定了企業能否持續經營。其
實從行銷層面看，從上世紀70年代開始，斯堪的拉維亞的
企業和專家在長期實踐中就提出了以管理和建立「關係」
（Relationship）為基礎的行銷。他們認為，企業經營應
是在獲利的基礎上通過建立、維持和促進與客戶的長期關
係，以滿足參與交易各方的需求。企業經營目的在於與客
戶形成長期的、相互依存的關係，形成一個與客戶互動的
社區，發展客戶與企業和產品之間連續性的交互，提高忠
誠度並且鞏固市場。

　　在航空、旅店乃至絕大部分B2B行業，深化客戶關
係，對關係進行精細化的管理是提升其盈利能力的關鍵。
二十世紀80年代的美國航空業開始初步出現當前航空業標
準配備的「常客計畫」。同一時期，旅店行業也開始了對

客戶關係的深入管理，洲際旅店是當時的領先者，他們在全球所有分店構建了一個會員計畫，通過這個計畫配置專業顧問團隊與旅店的老客戶保持良好的關係。會員給洲際旅店帶來深刻的口碑影響，並持續向旅店提供服務體驗報告。迄今為止，會員在洲際旅店的行銷收入中佔據了很大的比重。又如中國的「華住會」不斷升級科技創新產品，打造優質產品體驗的同時，率先啟動華住會App的「HELLO華住」功能。從旅客預定旅店開始，門店人員將通過「HELLO華住」數位頁面直接與住客建立聯繫，在行業內率先且全面實現了1350家門店的多通路自主選房。客戶可基於官網和App，完成從預訂、支付、選房以及發票的全流程，數位化使用者體驗使其在全球獲得了1億忠誠會員；同時，華住會為App會員建立完善的會員積分體系，「積分」作為權益展現的重要通路，除了能夠用於旅店預訂外，更打通機票、火車票、摩拜單車、華住商城購物等通路，實現了與用戶情感的深度交互，在客戶忠誠度和個性化服務方面開闢了新天地。

　　能夠作為企業核心競爭力的關係，我們稱之為好的關係，它有幾種基本特徵：

　　第一，用戶能記得住你是誰，記得住你解決了什麼問題；第二，他能找到你，不管是線上、線下，能以最便捷的方式獲取企業資訊，接收資訊；第三，和用戶關係穩固。企業的新使用者能夠變成老客戶，不被競爭對手易挖走。第四，有帶動能力，能夠以此推動周邊產品的銷售。

　　在移動互聯網的基礎平臺上，利用數位技術，「關係」在行銷領域所體現出的廣度、強度、內涵與手段都發生了重大的升級。技術的進步降低了企業與各類客戶建立和維持關係的成本。數位化技術使得資訊的創造、記錄、分析和分享更加可行。客戶關係的物件從社會領域的主體，拓展到資訊和企業的市場提交物。客戶在企業的協助下，與人群、資訊和產品的結合度更加緊密，客戶與整個外部世界更加融為一體。在數位時代，以客戶為核心的關係網絡是人群、資訊和市場提交物三位一體的動態結合。三個部分互為基礎，相互促進。

　　這種「關係」可以是作為個體的消費者與具有相同利益需求、或相近價值觀和精神追求人群的關係，也可以是圍繞客戶需求的各類外部專家資源的關係，還可以是消費者與「擬人化」的企業之間的關係。企業是非人格化的法

人實體，但企業由人組成，因人的活動而運作。從消費者認知便利角度出發，客戶會根據個人經歷和主觀判斷，賦予企業「人格化」的內容。如何去主動引導和塑造企業在客戶心目中的形象是進行企業品牌建立時的重要內容，也是關係建立的一種手段。在快消品企業，通常選擇的形象代言人都是對企業或產品使用者的真實體現，在形象、個性乃至是價值觀上都要匹配，否則表面看起來是在做品牌資產的投資，實質上是在損毀品牌的根基。在工業品行銷領域，越來越多的企業逐漸意識到作為「人」的身份與客戶以及其他利益相關者進行互動的重要性和必要性。例如ABB公司在其官方微博上就是以「阿伯伯」的身份和口吻和粉絲交流的，使得一個工業自動化為主業的企業多了一份親切感，讓普通消費者更加容易接近。

　　第二種想法是我們可以研究「消費者與資訊之間的關係」，包括為客戶提供資訊的內容和方式。在移動互聯時代，企業不止為消費者提供關於自身產品的各種功能和經濟價值資訊，還需要為客戶提供與其工作相關的專業知識或生活方式相關的各種資訊，這也可以看做企業為客戶創造的無形價值，用現在數位時代的流行語就是「一切產

品都可以內容化，一切內容都可以產品化」。在消費品行業，企業甚至通過提供生活方式和價值追求的方式為客戶提供各種資訊。正如《連線》（Wired）雜誌的創始人凱文・凱利（Kevin Kelly，常被稱作KK）在《新經濟新規則》（New Rules for the New Economy）一書中曾提到，互聯網經濟有三個核心特點：（1）全球化；（2）注重無形的事物，如觀點、資訊、關係等；（3）緊密地互相連接，連接匯出來全球化與資訊、關係。凱文・凱利預言，未來的互聯網模式下的新經濟遵循會移位法則（Law of displacement）：把注意力轉向獲取資訊。新經濟是以資訊為基礎的，產品中所包含的資訊越多，其價值就越高；正如很多企業開始撰寫周邊行業白皮書或者行業報告，打造品牌影響力，塑造領導力，或者合起來叫做「思想領導力」。這些資訊可以與企業的業務無直接關係，但圍繞行業開展的各類行業資訊發佈，會強化企業在客戶心目中的專業和行業領導力形象。通過積極吸引客戶或其他外部資源進行資訊的生產，客戶既是資訊的接收者也是資訊的生產者。在移動互聯時代，企業需要充分善用各種資訊平臺的特點，拼配以不同類型的資訊內容，進行全面佈局，圍

繞客戶的各種場景下的資訊需求，進行全面的覆蓋。

最後一種是「消費者與市場提交物之間的關係」。消費者與產品之間不止是購買、使用、消耗的過程，如果把以前的消費者行為看成一條直線，那數位時代的消費者軌跡會拉長，甚至彎曲。在移動互聯時代，產品的使用可以作為入口，在此基礎上儲存各種應用資料，為客戶創造各種可能的社交可能場景。而一些傳統的產品，也添加了資料存儲功能和社交的功能，從而在產品交易的基礎上豐富社交價值，建立了品牌與客戶關係的持續度。例如Nike公司推出了一系列健康追蹤應用程式與可穿戴設備，包括Nike+ Running、Nike+ iPod、Nike+ Move、Nike+ Training、Nike+ Basketball等手機應用程式以及Nike+ Sport Watch、Nike+ Fuel Band、Nike+ Sport Band等穿戴式設備。消費者在使用Nike的產品的同時還可以把他們運動的結果資料在社交媒體和朋友們分享。另外，很多的電子體重秤都為客戶開發了相應的App，在App上可以查看體重、體脂等相關資料，明客戶檢測自己的體重變化，通過資料分析還可以為客戶提供相應的建議。另一種互動方式是企業在內部價值鏈環節與客戶進行合作。客戶不只是

產品的購買者，更是產品的創造者和推廣者。在產品形成過程中形成合作的新關係，去共同研發和形成產品。而其中的核心客戶也成為新產品的忠實推廣群體。在實踐中，企業通過一系列「眾」CROWND活動，如眾籌、眾包和眾推等，推動與客戶的關係建立。

我們可以看到，數位時代的「關係鐵三角」中，「人」成為了重要因素。從傳統的人與人之間的關係、貨架、人與物的關係，逐漸演變為現在人與人的關係。現在很多企業家作為企業的法人個人化，都在和社會公眾進行接觸。

十年前開始，寶僑家品推出了一個叫做C&D的網站（Collection and Development），讓大量用戶甚至專業人員去這個網站向寶僑家品提建議，包括產品建議、行銷建議、代言人的建議等，這是典型的把客戶變成客戶互動資產的一種模式。美妝品牌絲芙蘭（Sephora）建立了Beauty Insider的會員體系，圍繞3個等級的會員建立了一個共同的社群，用於和各類會員相互交流。消費者還可以和企業的人員互動，絲芙蘭則可以通過該社群瞭解消費者的需求，進而對自己的產品進行優化。國內的小米也創建了自己的Mobile社群，用戶在論壇上提出自己的問題、進行交流，

而小米的產品經理、程式師也會和「米粉」們進行溝通，收集廣泛需求，直接解決問題，而不是創造一個個「亟待解決的偽需求」。這些都是典型的把客戶變成客戶互動資產的一種模式。

現在很多公司在推動「新零售」這個概念。新零售和舊零售最大的不同在於：從以貨為中心到以人為中心。歐萊雅在2014年推出「千妝魔鏡」，目前全球大概超過2.5億人使用。以前你到歐萊雅的線下店去買東西，大概早上9點鐘到晚上10點鐘營業，其他時間門店就關了。有沒有辦法去超越時間和門店的束縛？於是歐萊雅就讓它的核心粉絲安裝上「千妝魔鏡」。你可以拍張照片上傳到App中去，可以用歐萊雅所有的產品進行虛擬試妝。於是歐萊雅就從以前的品牌公司變成了一個數位型公司，圍繞使用者資料，歐萊雅可以跟消費者進行智慧推薦，變成一個主動行銷的公司了。

產品也是關係接觸中的重要通路。它是建立關係的重要入口和維護手段，是情感互動和關係建立的介面。產品的價格也基於關係而進行定位。能夠建立關係的爆品，大多都為後續其他產品的銷售帶去了更大的收益。在行銷戰

略中，Relationship需要在使用者流量、使用者心智資源、還有網路化能力三大方面多多發力。基於用戶的社會關係，企業可以進行二次、三次開發。

R4：Return／數位實現交易與回報

Return是第四步，也是最後一步，它解決了「行銷不僅是一種投資，也可以得到直接回報」的問題。很多企業建立了社群、吸收了很多品牌粉絲，但是如何變現，這是此階段的核心問題。我們提出了很多方法，如社群資格商品化、社群價值產品化、社群關注媒體化、社群成員通路化、社群信任市場化等操作框架，變現客戶資產。社群變現的案例不勝枚舉，如不斷湧現的社群型垂直電商，或類似於中國的「風投俠」這類社群眾籌，還有「小紅書」的社群口碑分享及行銷。

企業與客戶之間建立持續且良好的客戶關係不是過程性目標，最終需要從這種關係建立的基礎和過程中獲得企業的收益。這與當前在移動互聯網時代形成的具有自組織特點的「社群」既有關聯，也有區別。企業需要學習數位時代網路社交關係的特點，在與客戶建立關係的過程中，

善用這些特點，塑造主動、參與和富有社交價值的持續性客戶關係。在這個基礎和過程中，企業應明確客戶關係與企業經營目標之間的關係，在客戶關係與企業經營目標之間建立「因果關係」，避免「為了客戶關係而建立關係」，避免在數位時代紛繁複雜的客戶管理建立手段面前，忘卻了建立客戶關係的「企業初心」，即如何在關係（Relationship）的基礎上實現回報（Return）。

與用戶的關係達成後，企業就可以明確植入和培育企業的增長源，並期待後續的收益增長。在行銷戰略中，企業要注重培育、發展三種類型的回報：

- 第一種是持續增長的回報，通過早期對用戶心智的引導，創造未來可預期的收入；
- 第二種是能夠拓展企業能力邊界的回報。這種回報可能助力企業聯接外部資源，從內部封閉資源延伸至外部資源網路；
- 第三種，可以保存和發生裂變的回報。想要將簡單時段的回報（陌生流量）轉變為注意力流量，企業對終端的管理邏輯要完成從消費者思維到粉絲思維

的升級。

　　需要注意的是，Return的核心是資料，即：如何利用資料來增加收益。Uber有一個對於資料變現非常有意思的案例：當一個消費者在工作時間（很繁忙的工作時間）用Uber，而且當他的手機電池低於2％的時候，有37％的用戶在一分鐘之內選擇加價1.3倍到1.5倍。這就是可以拿資料來定價。

　　一旦你可以通過資料瞭解客戶行為，那你就可以做很多類型的事情。比如可以用來做新品上市的回饋測試，企業可以通過眾籌推出一個新的產品，除去核心粉絲的干擾因素，再去看多少人來支持，就可以降低這種產品生產的一些風險。所以，培訓行業現在也有人在做這種顛覆，先推出產品，然後眾籌，之後再去開發設計，這也是一種獲得Return的方式。

　　13年前，科特勒諮詢集團幫中國華潤集團的「雪花啤酒」這個品牌做市場行銷戰略。當時我們把雪花定義成一個年輕人要喝的啤酒，然後做得非常成功。大概前年，雪花銷售已經達到了380億。但是如果今天我問你一個問

題：換做今天的這個數位化時代當中，如果雪花還要找增長機會，能從哪些方面來做？如果讓我重新操刀的話，我會去利用這些電商後臺的資料去看：比如90後到95後，95後到00後，每5年一代人，每一代所偏向的酒精濃度是多少？偏向的口味是什麼？偏向的品牌是什麼？得到這些資料之後，我們會去建議這些大廠商提前鎖定機會來進行市場性的收購。這樣一種收購與財務性收購相比，最大的區別是什麼？以前的收購，收購的是資產、財務，是戰略性的並購；現在是提前去鎖定你未來的客戶，提前去鎖定未來的一個大品牌，這是一個巨大的變化。當你擁有資料的時候，你倒過來去找到回報模式，其實非常簡單。

　　本章以上面4個R形成一個操作迴圈，非常適合企業的CEO和CMO理解、應用、實施、回饋。我們能在4R的基礎上，再去建立行銷的組織系統、ROI追蹤系統、大數據的資料來源。最後回歸一句話，與其說數位化是一種戰略，不如說市場戰略要以數位化來導入，進行升級，否則數位化缺乏靈魂，缺乏結構，缺乏洞見，所以讓數位化回歸市場戰略，才是切入數位化轉型的最好路徑。

CHAPTER

3

從競爭出發的
市場戰略

所謂市場競爭的優勢，
是沒有競爭的優勢。

以五力看競爭戰略的市場戰略

今天，拋開競爭而談論市場戰略等於是幻覺。毫無疑問，只要存在於市場中，除非你擁有絕對的壟斷性資源，否則都將面臨競爭。而不同企業面對競爭會採取不同的方式來應對。當我們在第一章討論增長的時候，實際就已經涉及到競爭。原波士頓管顧公司日本總經理水越豐曾說過，原有的戰略規劃到管理可以稱之為「順勢而為」的戰略。也就是說，公司依據外部環境隨大流的方式制定戰略，尤其是對標竿企業進行模仿，以為這樣是建立公司增長的方式。然而並不對，這種模式的市場戰略只能建立在兩個前提之上：第一，市場要不斷增長。只要市場不斷增長，就相當於魚池在不斷擴大，企業就自然能夠獲得增長

的空間，這種情況下市場戰略的模仿可能具備有效意義；第二，市場允許多家企業共存。在這兩個條件之外，競爭會變成整個市場經濟中核心的問題，你的市場競爭怎麼來？要嘛從客戶面向進行創新，要嘛通過競爭。回避競爭談市場戰略是天方夜譚。

如何評估企業的市場競爭優勢？所謂競爭優勢的源泉到底在哪裡？競爭優勢的本質是什麼？競爭優勢可以持續嗎？當我們要探討一間企業所謂的優勢問題時，實際上談的是企業的競爭優勢，因為優勢是基於比較而產生的。一般來說，我們通過如下兩種方法對企業競爭優勢進行評估：

第一，以競爭對手為中心的評估：以競爭對手為中心的評估方法的精華就是以競爭對手為參照，瞭解自己與競爭對手的差距所在。這些競爭對手所服務的市場以及對競爭的看法是必須與被比較企業相似的。在這裡，比較一般是從公司的價值鏈構造以及成本方面進行。

第二，以客戶為導向的評估：在市場上，客戶是以腳來投票的。行業內的企業會在消費者心中形成一個排序的階梯，位階大小反應的就是企業的競爭地位；在每一個屬性上的排序就構成了企業的競爭優勢與劣勢的源泉。

　　華頓商學院的市場行銷戰略專家喬治·達伊（Geroge Days）認為：競爭優勢的本質是定位主題，它對目標客戶有意義的方式把企業與競爭對手區別開來，最成功的主題建立在三種推動力的結合上：更好（通過優異的品質與服務）、更快（能夠建立比競爭對手更快地感知和滿足客戶需求的變化）、更緊密（建立更持久的聯繫）。

　　當然，談競爭就必然談到麥可·波特（Michael E. Porter）。經濟學是戰略學和行銷學的起點，經濟學尤其是產業經濟學為研究競爭策略開闢了一條新的道路。在產業經濟學的研究中，又以哈佛學派和芝加哥大學學派最為著名。上世紀80年代，哈佛商學院波特教授《競爭策略》一書的出版，將產業組織中「結構-行為-績效」的分析方法引入企業戰略管理的分析之中，標誌著用產業經濟學來研究競爭的方法已經基本成熟。

　　波特的「競爭」其實涉及的就是市場戰略。市場有客戶需求，但更有競爭對手。波特認為：戰略的核心是獲取競爭優勢，而影響競爭優勢的因素又有兩個：一是企業所處產業的盈利能力，即產業的吸引力；二是企業在產業中的相對競爭地位。因此，競爭戰略的選擇應該基於以下兩

點考慮：第一，選擇有吸引力的、高潛在利潤的產業。不同產業所具有的吸引力以及其帶來的持續盈利機會是不同的，企業選擇一個朝陽產業要比選擇夕陽產業更有利於提高自己的獲利能力。第二，在已選擇的產業中確定自己優勢的競爭地位。在一個產業中，不管它的吸引力以及提供的盈利機會如何，處於競爭優勢地位的企業要比劣勢企業更有利可圖，而這個優勢地位又受到五種競爭力量（現有競爭者、替代品、客戶、潛在競爭者以及供應商）的影響。

五種力量分析的基本思想是市場戰略能否在此行業有提高利潤或者有壟斷性可能的前提。基本可以認為是經濟學上所言的「買方多，供應商少」才是最具魅力市場思維的延伸。但是注意到，這項分析的前提是市場的利潤蛋糕是一定的，重要的是誰可以爭奪到。很多人對「五力」提出了反思與升級，但不可懷疑的是，它是市場戰略設計的核心思維之一。而把有限利潤蛋糕做大的方式，就是創新。

從五力模型來看，如果供應商的數量少，就很難使得企業具備討價還價能力，難以獲得更好的購買條件，因為來自供應商的壓力偏大。而同樣的，如果購買商或者買方

數量有限，可供選擇的銷售物件有限，則對買方有利。

　　如果新企業很容易進入行業，競爭就會加劇，市場上會面臨降價或者直接的對抗。同樣的，替代品如果多，行業的利潤率也會受到影響。不言而喻，行業本身的競爭越激烈，這個市場的魅力就越小。這就是為什麼諸多互聯網公司的確滿足了客戶需求，但是難以在本行業盈利的原因。

　　而什麼是替代品呢？這是另外一種競爭模式。比如相對於麥當勞，「餓了麼」（大陸的外送訂餐平台業者）同樣可能是競爭對手，因為他們共同在搶客戶手中的錢包占比。一家公司似乎很容易就知道誰是其競爭競爭對手是誰，但是往往來自其他行業的替代者很難提前看到。

　　百事可樂是可口可樂的主要競爭者，松下也是索尼一度緊緊提防的主要競爭者。但是從競爭角度而言，一家公司的競爭對手是多元的，公司不僅要研究現有競爭對手，還要同時研究那些潛在的可能成為威脅的市場玩家。往往打敗一家企業的不是他的直接競爭對手，二是來自於其他領域的新技術或者市場新進入者。這就是著名管理學人克里斯汀森（Clayton M. Christensen）所說的「顛覆者」。從這個角度而言，企業的競爭者有四種：

第一種是品牌競爭者，也就是為客戶提供功能相同、價格相近的同檔次產品或者服務的其他公司。例如，小米的競爭對手是榮耀、oppo、vivo等。其次是行業競爭者，企業可以把所有生產同類產品的企業都作為競爭者，比如小米公司的產品價格相對低廉，但是蘋果公司也是其競爭對手，因為都屬於電子消費品行業。第三類是形式競爭。公司可以把競爭者的界定範圍再放寬一點，把滿足客戶同種需求的不同替代品的提供者也視為競爭者。比如生產洗衣機的企業的競爭者可能是連鎖洗衣店。最後是通常競爭者。企業可以把所有與其搶佔客戶錢包占比的產品提供者都視為競爭者。實際上，市場戰略談競爭還是會回到客戶需求。我們看到競爭的焦點是產品、通路，但是更重要的是「客戶錢囊」。甚至對客戶還有一種有限的東西，就是「時間」，這就是近兩年所謂「知識付費」行業碰到的瓶頸。

所以，從競爭切入的市場戰略應該幹什麼？答案是：應該要消解這五種競爭力對自己的影響。如果說供應商層面更多屬於公司供應鏈和採購部門的決策，那其他四個面向充分與市場競爭相關。比如針對客戶方，很關鍵的一點

在於構建「轉換成本」，也叫轉換壁壘。指的是當消費者決定更換滿足其需求的產品或者服務時，所要支付的各類成本。這些成本包括金錢、時間、精力、情感等。比如蘋果的用戶在更換手機的時候，考慮到很多照片和資料都在icloud上，面對價格跟便宜的其他安卓手機，也會多思量一下。

　　一家公司應該努力提高客戶的轉換成本來建立自己的競爭壁壘。轉換成本可以建立在服務流程、成本等因素之上，但更有效的方式是讓客戶對企業產生情感忠誠。我們有時候會把最忠誠的客戶叫做超級客戶，他們是在某一段時間內願意持續消費企業產品或服務的客戶，是企業的忠誠粉絲。這幫客戶對於企業的產品和服務有極高的擁護度，甚至變成企業產品在社交媒體上的傳播者，而一個典型特質是，他們還會為產品和服務購買會員卡或者儲值卡，提前鎖定住未來某個時間週期的消費行為。這種建立壁壘的「鎖定效應」，是企業最喜歡的模式，相當於服務還沒有提供，卻提前預收了費用。這樣競爭對手很難拿走或者攻下這批客戶群。在五種力量下建立「轉換成本」甚至是「壁壘」，是結構中市場戰略的核心。

建立差異化的競爭曲線

但競爭並非意味著就要對抗，「差異化」也是建立市場競爭的一個核心要素。這裡就要談到競爭佈局圖，這是典型的從競爭的視角來看行銷。競爭佈局圖的繪製需要明確幾個核心問題。

第一，企業的業務和產品在哪些價值元素當中與競爭對手來競爭，從價格、產品、服務中將這些元素一一列出。

第二，企業的產品和服務與競爭對手相比，有哪些典型的優勢？有哪些典型的劣勢？另外，競爭對手在每個關鍵要素當中投了哪些資源？這個資源到底投的對不對，或者有沒有可能調整的空間？為什麼？你會發現，當你的企業去滿足客戶需求的時候，越是想更好的去滿足，其實服務成本是越高的。所以我們去看看滿足每一項的過程當中，雖然客戶的需求得到了滿足，但是企業的成本是不是也顯著性地上升？為此，企業應該找出最敏感的需求，並把一些不敏感的需求降到最低，使成本能夠得到控制。

接著第三步叫做構建新的競爭取捨性，那麼該如何構

建呢？

　　首先，企業應當確定自己決定要進入的產業或者戰略集團的關鍵評價要素是什麼。確定這些評價要素先要進行內部討論或專家訪談，來對每個要素評分。面對客戶的要素主要通過市場調研來完成，而面對企業內部的要素主要是做行業定性分析和對標競爭對手來完成評估。

　　在確定評價要素之後，企業要根據自己新的價值主張將這些要素的權重進行重構。企業在改變價值主張也就是重構競爭佈局時有四種方式，分別是剔除、減少、增加、創造。注意，這四種方式是並列的，沒有先後順序。

　　剔除是完全消除某種因素；減少是保留某種因素但降低程度；增加是提升原有因素的程度；而創造是提供原來沒有的價值因素。經過這四步操作之後，如果你的競爭佈局圖與傳統競爭對手產生很大區別，或者是客戶能夠明顯感受到改變，那麼就可以認為是重塑了競爭佈局圖。

　　有些要素在行業看來已經習以為常，但時代變遷其實早就讓其失去了價值，這些因素就要被改變。讓我們以名噪一時的「太陽馬戲團」為例說明。

　　太陽馬戲團在六大途徑的分析中已經發現：動物表演

成為累贅，多舞臺和明星都是零散化表演的產物，而場內銷售有礙觀眾體驗，拉低了整體格調。這些因素已經落後於時代，無法為馬戲團帶來客戶認同的價值了，因此果斷剔除。

企業在紅海競爭中，多少會在一些因素上過度攀比，投入資源過多，實際意義不大。這些因素就要適當減少，讓它們回到合理區間。傳統馬戲團為了吸引眼球，紛紛追求更搞笑的小丑和更驚險的雜技。為此，它們努力去挖到更多著名的小丑和馴獸師，可實際上這些都只是老把戲的小升級，投入很大，對觀眾感官的衝擊效果卻一般。所以太陽馬戲雖然將其留下來作為馬戲元素，但並不過度投入。

我們來看看哪些服務還有提升空間，可以用較小投入獲得價值提升。在分析產業和買方群體時，太陽馬戲在高端升級和提升格調上找到了藍海的突破口。傳統馬戲團本來都是在遊樂場或城鎮集會上表演，太陽馬戲通過把馬戲搬進拉斯維加斯的豪華劇場，成功提高了馬戲表演的檔次和消費水準，票價也就可以大大提升了。具有諷刺意味的是，在很多馬戲團因為租用固定場所而使得傳統帳篷不再重要之後，太陽馬戲團的帳篷裝飾仍然非常華麗。因為太

陽馬戲團認為其表現真正馬戲魔力象徵意義的，正是帳篷這種特別的場地形式，因此它把這個經典而獨特的元素在外觀設計上變得更輝煌，內部也更加舒適，讓人們使用時更為愜意。

太陽馬戲的藍海戰略主要是重構馬戲內容和格調升級。在將馬戲和戲劇的固有市場邊界融合後，太陽馬戲團對客戶有更豐富的理解，還能瞭解那些原本不看馬戲的人，並由此推出了新的非馬戲元素，比如貫穿整場演出的故事線索、富有藝術氣息的音樂和舞蹈等等。而此前的傳統馬戲元素就大大降低了，曾經喧鬧的馬戲表演搖身一變，成為了相容戲劇、歌舞、雜技於一身的現代娛樂方式，價值自然就大幅提高了。

大多數企業選擇跳出紅海，尋找藍海的目的就是為了規避直接競爭。舉個例子，假設你是一家航空公司，要如何去重構價值曲線？第一步，我們會請一些專家列舉航空公司當中消費者所關注的一些要素，例如價格、餐飲、準時、服務態度、頻次等等。而第二個問題則尤為關鍵——這些要素當中哪些是必要項？哪些是可以取捨的？哪些項目可以針對某些消費者，甚至把它去掉，或者哪些項目可

以增加更多的權重？因為每一項要素背後都是要付出成本的。

　　所以按照這個思路，如何進行價值取捨性的設計就顯得非常重要。現在來看看，美國一家西南航空的公司是怎麼進入這個市場的。

　　在西南航空進入市場之前，有兩種典型的公司提供交通服務。第一種是航空公司。考慮航空公司的時候，客戶可能會考慮到價格、餐食、窗位、速度、頻次等等。這些都是正確的，所以航空公司從客戶體驗來講，對各項要素都非常重視，盡力想要達到客戶滿意的程度。但是這同樣意味著，航空公司的成本結構和付出的代價比較高。所以還有一種交通工具也解決客戶出行的一個問題，叫做短程大巴。它的價格比較低，不為客戶提供餐飲，也沒有候機廳這樣的等候場所，更沒有客戶自主選擇位置的權益。服務態度相對航空公司來說也較為普通。但是大巴相對航空公司來說，存在一個典型的優勢要素，就是它的班次、頻率比較高，乘客可以隨到隨上；另外，它的價格也更為低廉。所以作為一個新的進入者，你的企業應該怎麼去進入市場呢？

　　首先看看這些航空公司或者說大巴所佈局的要素當中，到底哪些是可以重構的。西南航空公司就重構了這樣一根曲線見圖3-1）。這根曲線實際上是把車輛、交通、大巴和航空公司原有所提供的服務做了融合。

・**價格：**它把價格大大降低，降低到和坐客車、坐大巴同樣的水準。假設一張從波士頓飛紐約的航班要

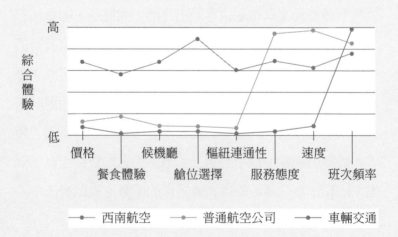

圖3- 1　西南航空的競爭布局圖

120美金，它可能只要50美金，跟大巴是一樣的，但是速度比大巴要快很多。

- **餐食體驗：**很多人坐飛機覺得餐飲好像很重要，但這也存在一個問題，有多少客戶願意為它支付過多的價格？不一定。所以西南航空把餐食服務也舍去了。

- **候機廳：**當然也不會存在候機廳，所以它對於航班的管理非常嚴格。它往往告訴客戶，什麼時候到什麼樣的視窗，而且只是提前半個小時告訴客戶，因為他要找到最快的航班樓能夠馬上起飛。

- **選座服務：**同樣，座位也是無法選擇的，當然，西南航空也沒有那麼不近人情，如果有客戶要選擇的話可以付費。

- **交通樞紐：**交通樞紐的便利性是西南航空典型的優勢，因為它全部都是點對點，按照大巴所佈局的那些核心城市來進行佈局的，所以都是短途航班，沒有長線航班，因為它要提高整個飛機的周轉率。

- **服務態度：**西南航空對此非常重視，所以形成了西南航空公司獨特的服務型文化。

- **速度：**一般來說，一個傳統航空公司滯留在一個機場的時間是1～2小時，而西南航空的滯留時間不會超過15分鐘，它不會等待客戶。
- **航班頻次：**西南航空的航班頻次是向客運公司的頻次看齊的。

所以西南航空在跟誰競爭?是跟原有的航空公司競爭嗎？答案是否定的。西南航空公司找到一個很核心的競爭對手，不是傳統的航空公司，而是交通大巴，它跨出了原有的產業，重構了價值曲線，通過競爭的取捨在航空領域出入無人之地。這裡有一些資料，在美國航空工業史上，空中飛行時間最長的是西南航空公司，每天每架航班平均起飛7.2次，每架航班每天在空中的平均飛行時間超過12個小時。西南航空的創始人赫伯‧凱萊赫（Herbert Kelle-her）有句名言，「飛機要飛在天空才掙錢，我不要在地面做過多的等候，所以我按照大巴的營運模式來做營運，不等待客戶。」

它是全美成本最低的航空公司，每一架飛機的營運成本每英里比美國聯合航空公司要低32％，比美國航空低

39％，所以同時它也是最盈利的航空公司。它從1971年成立，其股票在美國交易市場當中，從1972年到1992年以21000％的回報奪得冠軍。所以我們會發現一個很重要的現象，企業如何去界定競爭對手，如何在與競爭對手的比較當中，找到消費者所關注的一些要素，把這個競爭佈局圖繪製出來，是一個非常高超的、競爭的藝術和技術。

　　這張競爭佈局圖有什麼好處？它能夠讓企業在追求差異化的同時，也能夠降低企業的成本，它是這兩個要素的結合。如果將客戶進行細分，那麼可以分為三種類型。從競爭的面向來說，第一種叫做非消費者。這類人群由於金錢、財力或者是技能的緣故，極少有機會去消費你的產品。第二種叫做未充分滿足的客戶，他對產品可以滿足的需求有些局限性、不滿意。還有一種屬於過度滿足的客戶。所以西南航空公司所競爭的領域是客車市場，它攻佔了叫做非消費者的群體，並通過價值曲線，即通過競爭要素的取捨找到了非消費者，使之成為他的客戶。還有一個例子，今天人們可以看到很多高科技型的產品，功能非常多，但是如果人們問問自己：假設蘋果手機有一百個功能，實際上用到了多少？可能很多人用了不到15％。所以

針對這種客戶，其實很多同屬這個產業或臨近產業的企業也可以重構價值曲線。

同樣做個假設，如果你是一家旅店公司，你如何去重構你的競爭佈局圖？第一，按照剛才的方法，列出旅店行業當中消費者所關注的一些要素，例如地段、價格，還有一些人關注這個旅店有沒有天際酒吧、天際泳池、米其林餐廳，消費者的需求是無限的，對不對？但是作為旅店公司要不要滿足這些要素，就要看這個過程當中哪些是必要項，哪些項目是可以去除的，因為去除之後成本能夠降下來，還有哪些是可以創新加入的。

按照這個思路，就可以進行價值曲線的設計。有一家公司取得了不錯的成果，它叫CitizenM。（世民酒店）在看這家公司之前，我們可以回顧一下消費者對於住旅店的一些要求，可能會涉及到這樣幾個要素，價格、前臺和禮賓、送餐、大堂空間、有沒有會客廳、是不是黃金地段、睡眠品質怎麼樣等等，將消費者需求和現在旅店所提供的這些服務相結合，就可以確定旅店行業基本的評價要素。所以，目前在這個行業中，可以看到有兩種類型的公司，第一種類型就像香格里拉、萬豪一樣，在每一個價值點上

（在每個競爭的要素當中）都維持最高水準，所以五星級旅店的收費也是最高的價格。另外一個類型是典型的三星級旅店，這類型的旅店在這些價值點上普遍會比豪華旅店降低很多。

　　所以，如果一個旅店要創新的話，它有什麼樣的辦法來重構價值曲線呢？關鍵在於它會找到哪些要素是消費者敏感的，哪些要素是消費者認為可有可無的。比如說前臺和禮賓，我們會問有多少人在用前臺和禮賓？可能有一些人會用，但是如果要為這樣的服務付出過高成本的時候，可能這些人就願意把它捨去。所以，在這兩種旅店之間，通過重塑價值曲線，就形成了第三種類型的公司，叫做經濟型旅店，比如宜必思（Ibis）、中國的漢庭酒店等。　這種經濟型旅店就是把豪華型旅店和三星級旅店的要素進行了重新取捨。

- **價格：**可能比某些三星級旅店高，但是會比五星級旅店低很多很多。
- **禮賓：**不需要禮賓、行李員、門童，把這些要素舍去之後，就節省了對應的成本，在其他某個要素當

中更好地服務客戶，因為客戶對舍去的那些價值不
一定很敏感。

- **餐廳**：如果去看過宜必思最簡單的餐廳，就知道他
  們從來不提供高級美食服務，只提供最簡單的，類
  似一個炒飯，就可以滿足很多客戶對於填飽肚子的
  需求了。

- **大堂**：最簡單的大堂，客房類型就是基本的標準
  配置，客房面積比五星級旅店甚至比三星旅店還要
  小，但睡眠環境是優質的。

- **地段**：為了便捷，很多經濟型旅店比三星級旅店要
  更加處於黃金地段。

　　這就是後來近20年中宜必思、漢庭、七天這類的旅店
從這個行業當中找到藍海的重要原因，但背後這張底牌其
實是價值的取捨。今天，我們發現中國大陸正面臨消費升
級的趨勢，其實在全世界也一樣，那麼價值曲線還可以找
到什麼樣的機會呢？如果說你又是一個新進入者，應當如
何去重構價值曲線呢？這就要重新說到CitizenM了，當然
CitizenM也會先去關注消費者關心什麼，看競爭對手在這

個曲線上的分佈（見圖3-2）。

- **前臺和禮賓：** 前臺和禮賓都被捨去了。為什麼？因
  為很多消費者現在完全可以通過互聯網預訂旅店，

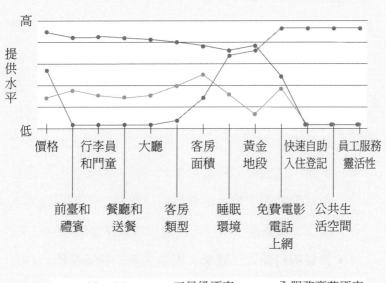

圖3- 2　citizenM酒店的競爭布局圖

前臺的功能大大降低。同樣，門童也沒有，簡單的
送餐服務也降到最低。

- **大堂：**大堂由於功能限制，也將面積降到最小。
- **睡眠：**睡眠環境是客戶關注的重點，所以是不能舍
去的，這點CitizenM就比經濟型旅店做得好。
- **位置：**處於黃金地段。

所以在這樣一個價值曲線當中，它跟三星級旅店以及
豪華五星級旅店形成了差異，但是還不明顯，於是它又繼
續增加了幾個環節。

- **免費電影、免費電話和免費上網**。你可能知道，在
國外尤其是小鎮，到夜間除了酒吧，其他娛樂活動
是非常少的。所以CitizenM買了一個巨大的免費電
影庫，讓消費者在旅店裡面可以看電影，而且它發
現以前的旅店無論經濟型旅店還是全豪華旅店都不
提供這種服務，所以它將這個價值點增強。
- **快速的自助入住登記**。因為很多消費者在旅店裡面
等待Check in（登記入住）很花時間，所以CitizenM

通過互聯網的方式來提高入住效率。

- **公共的生活空間**。因為CitizenM發現，旅店裡很多客人之間可以產生一些交流，所以它自建書吧，提升了旅店的社交屬性。

- **員工服務的靈活性**。只有客人碰到問題的時候，員工才會出現。所以它把這些資源的一部分降到最低，另外補充了一些新的價值元素，重構了這套價值曲線。

價值網是競爭曲線戰略能夠成功落實的保障，通過對重要客戶的區分，以及對價值主張的挖掘，還需要使得藍海戰略得到有效的實施。這時價值網路的支援能夠確保戰略得以準確有效的執行。如果說價值主張的重塑是針對客戶的價值再造，那麼價值網就是根據新的價值曲線而針對企業內部的資源支援進行梳理。

中國電商企業「京東」能夠在阿里巴巴一家獨大的情況下脫穎而出，直至發展成為中國的電商巨頭之一的原因，就是其完善的物流網路和對快遞員科學的管理體系。這些獨特的價值網支撐著京東能夠提出「第一時間提供優

質服務」這樣的價值主張。隨著零售商變得更加強大，達能、雀巢和聯合利華等知名食品公司已開始向零售商提供自有品牌產品，並為旅店、餐館和咖啡館開發產品和包裝，以進軍食品服務行業。雖然在資訊共用方面，它可以與內在品牌協同，但在某些方面，比如研發和銷售以及包裝和物流等不同方面，需要不同的品牌管理模式，而這將決定如何向客戶傳遞價值主張。

　　另一家經濟型連鎖旅店「如家」是在各個方面進行低價格和成本把控，以實現其價值主張的不斷轉移。它通過線上和私人會員俱樂部預訂鼓勵線上銷售，因此與其他全方位服務營運商相比，其分銷成本降低了10％～15％。在歐洲，著名的低成本航空公司easyJet，它仿效了美國的西南航空公司，在價值網方面，easyJet重新系統地定義了每個環節以傳遞低價獲利的主張。它不用旅行代理機構，鼓勵網路銷售，不參與行業預訂系統，所以它的分銷費用相對其他全面服務型營運商要低20％～25％。它將10％的預算用於行銷，並獲得了超預期的效果。此外，通過使用複雜的收益管理機制，在動態匹配供需的基礎上，將每個航班的收入最大化：航班的需求增加，價格就上漲；反之，

則下調。通過加快周轉效率，easyJet也實現了低成本。只使用一種型號的飛機，降低了人員的培訓成本，也提升了企業在購買飛機時的議價能力。

　　一直以來，市場都充滿著競爭，不是只有行業巨頭才有主導競爭風向目標的權力。所以，即使當你的企業已經決定放棄當前的紅海市場時，也請不要沮喪，因為帶有創新力的競爭可能會讓你的企業獲得數倍於此前的收益。與其在紅海中頭破血流，不如在藍海中肆意遨遊。當你意識到可能會有屬於藍海市場的機遇時，勝利就離你不遠了。找到屬於你的藍海市場，運用競爭佈局圖重塑你的價值曲線，建立合理的價值網來支撐新的價值主張落實，就能夠在競爭激烈的市場中脫穎而出了。

市場戰略的競爭動態化

　　當然，無論是對抗還是差異化，市場競爭不是不成不變的，這就是涉及到「動態性」。在市場競爭中，企業所具有的任何競爭優勢都是暫時的，難以長期保持。為了保

持暫時性競爭優勢，企業需要不斷動態的、高強度、高速度的去求變，以此來提高與競爭對手的差異性。動態競爭理論本質上是討論市場競爭者之間的攻擊與反擊的策略推演。通過對這個過程的不斷的假設和推演，核心要得出三個要素：競爭行動的特徵（Action／Response）、攻擊者的特徵（Actor）與反擊者的特徵（Responsor），以及引起這些要素變異的原因和導致的結果。

　　例如，小米一向以來的標籤就是性價比高，這使得小米手機在開拓智慧手機市場的佔據了「降維打擊式」的競爭優勢。小米剛剛進入手機行業的時候，大陸的安卓手機市場還是「中華酷聯」的 天下。小米以絕對性價將智慧手機的價格拉到了2000元人民幣的價位，在這個價位段可以說沒有任何競爭對手。然而好景不長，性價比也成了其他競爭對手用來抗擊小米的工具。華為就推出了中低端品牌「榮耀」來模仿小米的策略。榮耀手機一度在隨後幾年的雙十一的成交量上超過小米。同時，華為、OPPO、vivo佈局高端市場，打造高端旗艦級產品。競爭對手的改變導致競爭環境發生變化，等到2015年，外部環境、競爭對手的變化迫使小米做出改變，小米將原本針對低端市場的性

價比策略向高端市場轉移。

　　動態競爭分析大致可以分為四個步驟（見圖3-3）：

　　首先，判斷誰是企業當下威脅度最高的競爭對手。這需要通過兩個面向進行分析—— 一個是市場的重迭度，即企業與競爭對手所競爭領域相似度的高低（見圖3-4）。另外一個是資源的相似度，這是用來衡量企業與競爭對手核心能力及資源的一致性。一般來說，市場重迭度與資源相似度越高的企業之間，採取降價的競爭策略的可能性越

圖3- 3 動態競爭分析四步驟

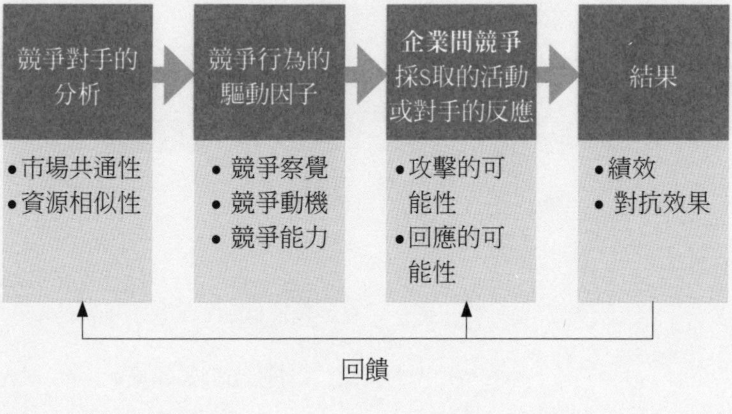

競爭對手的分析
- 市場共通性
- 資源相似性

競爭行為的驅動因子
- 競爭察覺
- 競爭動機
- 競爭能力

企業間競爭採S取的活動或對手的反應
- 攻擊的可能性
- 回應的可能性

結果
- 績效
- 對抗效果

回饋

圖3- 3 動態競爭分析四步驟

低，比如移動、聯通以及電信同時採取降價策略的可能性就很小，否則就是一損俱損。

然後，在弄清楚誰是主要競爭對手的基礎上，研究如

圖3- 4 判斷威脅度最高的競爭對手

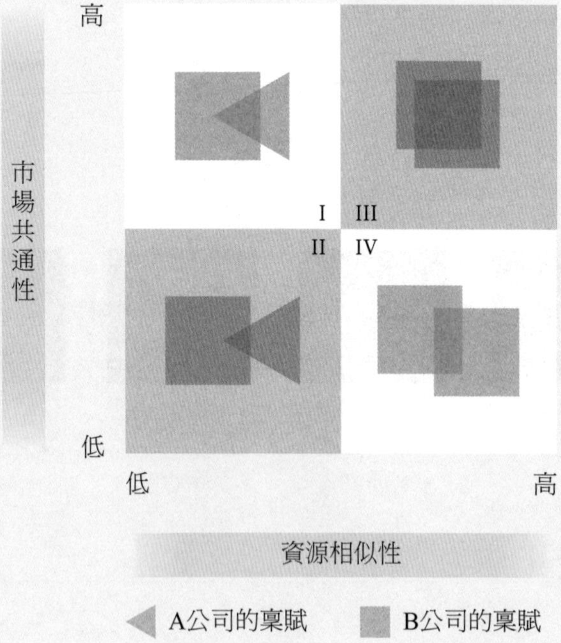
高
市場共通性
低
I
III
II
IV
低
高
資源相似性
A公司的稟賦
B公司的稟賦

果企業對競爭對手採取相應的競爭策略之後，對方有多大的可能性進行反擊。這裡需要考慮三個要素，也就是「察覺—動機—能力」（Awareness-Motivation-Capability，AMC）分析。第一個是覺察度，即企業採取的某種策略是否會被競爭對手明顯覺察到。比如價格戰就是高覺察度的競爭策略，而提升產品品質則不會令對手迅速感知。第二個是動機衡量，判斷競爭對手在察覺到我方的競爭策略之後，有多大的可能性採取行動。如果我方攻擊的是對方的核心業務，則招致反擊的可能性就極大，反之亦然。第三個是能力，當競爭對手覺察並且有意願反擊時，要進一步判斷對方是否有能力，或者在多久的時間內可以保持這樣的能力進行反擊。這取決於競爭對手的內部資源以及流程，往往大公司的決策流程較長，船大難掉頭，這就給了較為弱小的企業攫取市場占比的機會。

　　在動態競爭下，企業也要預判競爭者的攻擊與反擊的行為，比如可能會採取什麼措施：價格戰、品牌認知戰、公關戰等，會在什麼時間、什麼情況下採取措施，以及競爭對手要借助反擊活動達成什麼目的，會持續多久。最後是看「戰績」，可以從公司績效角度衡量，包括市場佔有

率、品牌知名度、市值變化等。好的企業會在實施競爭策略的開始就明確未來希望得到哪些具體的成果。同時，這些結果還會進一步影響制定動態戰略的第一步和第三步，循環往復。

不同於波特的五力模型對於企業競爭態勢相對靜態的分析，動態競爭更加看重企業與競爭對手在市場競爭過程中的攻防轉換。換句話說，是在傳統競爭戰略分析的面向上，加上了「時間」這一面向。競爭永遠是有來有回，彼此消長的。在市場競爭中，唯一不變的是競爭格局一直在變化，市場戰略中必然逃不開競爭視角。

CHAPTER

4

從客戶資產出發的
市場戰略

衡量客戶導向市場戰略的成功，
在於是否構建出堅實的
客戶資產基礎。

客戶資產是競爭優勢的來源

行銷是一門與客戶息息相關的科學，緊密圍繞著客戶需求和客戶價值交付，其核心是真真正正為客戶創造獨一無二的價值，並且指導怎樣創造延續終生的、可持續發展的客戶價值。在行銷中，我們常常提到的一個詞是客戶導向。客戶導向不是一個截面，是一套完整的全流程過程。既包含了價值的識別、選擇，也包含了價值的溝通、再續。那麼行銷的重要功能是什麼？是通過滿足客戶需求，吸引、鎖定盈利客戶，企業從而獲取回報和利潤。

當下，單一依賴技術、通路而希冀基業長青地保有競爭優勢是極其困難的，所以企業必須重新思考其目標並優化行銷戰略的制定，需要重視客戶導向。客戶導向和客

戶資產是緊密聯繫的。1996年，西北大學凱洛管理學院學人布拉特伯格（Robert C. Blattberg）與哈佛商學院的戴頓（John Deighton）提出了「客戶資產」（Customer Equity）的概念，學界與業界基於此的研究實踐日益豐富，共識逐漸形成：企業能保持、發展、實現長期利潤的最大化離不開與客戶維持良好關係，需要不斷保持並提升客戶忠誠度，持續創造客戶的終生價值。

　　如今，行銷的體系由「交易」向「關係」過渡，客戶是重要的稀缺資源。評價指標發生了變化，客戶占比作為衡量企業競爭優勢、贏利能力、成長前景的重要指標日漸受到重視。客戶資產最通俗的定義是當前和潛在客戶終身價值折現的總和。客戶資產是 明企業孕育長期競爭優勢的增長引擎，因為它是連結企業內部能力和企業外部環境的重要節點，打通了內外。客戶資產和客戶終身價值的關係又是什麼呢？前者是所有後者之和。這裡需要重申企業行銷戰略的終極目的，其一便是讓客戶資產最大化。

　　客戶資產是企業擁有的客戶終生價值折現值的總和，這裡值得注意的是，不應只是關注當下，也應該考慮未來，即計算時需要涵蓋企業可從客戶終身中獲得的總貢獻

的折現淨值（這就是為什麼我們將其稱之為終生價值）。客戶資產中有「資產」二字，也是因為它符合有關資產的定義，即，某一特定主體由於過去的交易或事項而獲得或控制的可預期未來經濟利益。企業在進行客戶資產的戰略性考慮時，往往面臨「魚與熊掌」的難題——客戶和產品不可兼得。比如，以產品為中心的企業總是不經意忽略客戶要求和客戶資產的重要性。這並不令人意外，因為企業的決策時常可能會被一些表面的現象誤導，就像有些投資在當年確實讓公司受益但卻埋下未來的隱患。只見樹木不見森林會引起公司戰略績效衡量和評價的近視症。產品導向的行銷戰略中，所有的判斷指標，從評價、決策到實施都是圍繞產品的。這種視角有幾個弊端：

第一，產品導向的指標與未來之間的關係不那麼密切，缺少預期性，著眼的是過去；第二，若僅使用部分關鍵要素來解釋業務績效，容易引出有失偏僻的結論，一個具體的例子是：產品組織者的分類並未區分企業的多種業務與業務對應的外部場景。當我們把客戶資產置於視線中心，是因為客戶資產作為中間節點，連接了內外兩部分的環境與資源，我們則可以更清晰地分析上述問題，減少在

客戶和產品兩頭疲於奔命。

在互聯網時代，客戶價值有了新的內涵，我們可以用下面這個公式來計算，並讓我們逐一解析公式內的三個要素，並解析每個要素是如何指導我們的行銷行為：

$$客戶總資產＝$$
$$客戶基數 * 客戶終身價值 * 客戶關係槓桿$$

管理客戶基數

吸引新客戶，擴大客戶來源

為了進一步擴大銷售和利潤，企業往往需要花費大量的時間和資源來獲取新客戶。為了獲取新客戶，企業可以在目標客戶群的媒體通路上投放廣告；或者安排銷售人員，進入目標客戶群的社區地推；或者安排銷售人員參加相關貿易展示會，在那裡找到潛在的買家，等等。

而對於已有一定客戶基礎，需要再擴展新的客戶群體的企業來說，可以通過進入新區域（如由一線城市進入二

三線城市）、拓展新客群（如擴展年輕客群）和運用新推廣方式（如運用新的媒介技術）來吸引更多新客戶。不同行業往往需要不同通路和方式吸引新客戶。找到適合目標客群的獲客通路和方式，精準地傳達客戶關注的利益資訊，有利於提高新客戶轉化率，增加新客戶。

維繫忠誠客戶，減少客戶流失

吸引新客戶只是第一步，企業必須留住客戶並增加他們的購買行為。如果將行銷分為進攻型與防守型，大多數情況下前者的成本遠大於後者。有研究表明，獲取新客戶的獲客成本是維繫老用戶的五倍。如果企業總是花費大量精力獲取新客戶但是卻沒有留存，就像是往漏桶中注水，結果可想而知。重復購買的客戶數量每提高5％，企業利潤會根據行業不同增加30％～85％。

因此，企業應盡力修補桶上的洞。可思考如下兩點以降低客戶流失率：

（一）區分不同的流失成因並尋求改進

根據行銷漏斗，識別決策流程中每一階段中的潛在客戶的比例，通過計算轉化率，區分導致客戶流失的不同原

因，並找出可改進之處。譬如，如果購買者遠低於試用者，說明產品或者服務本身品質可能有問題，不利於客戶實施購買或重復購買。企業需要注意的是，如果是因為不可抗力或客觀因素導致的流失，如客戶離開了該區域或退出了該行業，這種流失公司無法避免；但如果是因為服務不佳、產品假冒偽劣或者價格過高等企業本身的問題導致客戶流失，公司則必須致力於改善這些不足。

轉換成本一般分三類：第一類是時間精力上的轉換成本，包括學習成本、時間成本、精力成本等；第二類是經濟上的轉換成本，包括利益損失成本、金錢損失成本等；第三類是情感上的轉換成本，包括個人關係損失成本、品牌關係損失成本。例如蘋果的整套生態系統，電腦、平板電腦和手機全線打通，如果更換為其他品牌，客戶需要付出很高的資訊遷移成本。

（二）衡量成本，選擇性挽留客戶

在降低客戶流失率時，企業要注意衡量成本。企業需要將流失客戶中損失的利潤與減少客戶流失所付出的成本進行比較，只有在降低客戶流失的成本低於所損失的利潤的情況下，才應該儘量地去挽留客戶。

喚醒沉睡客戶，贏回流失客戶

不管企業所提供的產品服務如何，或如何努力維繫客戶，客戶減少購買或客戶流失是難以避免的。企業所面臨的挑戰，是通過怎樣的策略喚醒沉睡客戶和贏回流失客戶。通常來說，重新吸引從前的客戶，要比尋找全新的客戶更容易，畢竟公司已經獲得客戶的基本資訊和購買歷史狀況。例如對餐飲企業而言，可以在消費者關注的餐飲平臺上推出優惠活動，或者給消費者發送短信推送來喚醒客戶，重新刺激客戶前來消費，延長客戶生命週期。而針對流失客戶，可以進行調查分析，再根據分析結果制定策略，贏回那些有較強盈利潛力的客戶。

保持客戶忠誠度的重點之一是提升沉睡客戶的消費頻次。這需要企業識別低頻消費客戶。這需要先通過RFM模型對於客戶進行劃分，挖掘。代表RFM模型的三個因素分別是：最近一次消費（Recency）、消費頻率（Frequency）、消費金額（Monetary）。

根據最近一次消費的時間，可以把客戶劃分成四個生命週期：活躍期、沉默期、睡眠期和流失期。在不同週期內應採取不同的刺激方式，以提升消費頻次。就以to C（

終端消費市場）的商品舉例：

- **活躍期（1個月內）**：在活躍期是最容易把客戶加入會員系統或進行私域沉澱的，繼而進行積分，保持一定頻次的觸達與溝通，但不做促銷。
- **沉默期（2～4個月）**：根據使用者大資料進行再行銷觸達，同時給予少量的行銷折扣，比如優惠券、現金抵扣券等，刺激復購。
- **睡眠期（5～10個月）**：給予較大折扣強力召回，或者進行交叉銷售，贈送試用品，滿足多樣化需求。
- **流失期（11個月以上）**：抽樣進行問卷或電話調查，發現潛藏的問題，比如影響客戶體驗的因素等。

　　然後根據分析的結果設計不同的轉化策略。2020年特別走紅的「私域」（意指相對於公共網路而言，品牌或個人可自主控制的、不限頻率接觸使用者或會員的流量。），即是會員制的變種。如果以海盜模型（AARRR）來看，私域的漏斗口比會員制要大得多。只有產生消費並辦理會員才會成為會員；而私域是將可能產生交易的客戶全

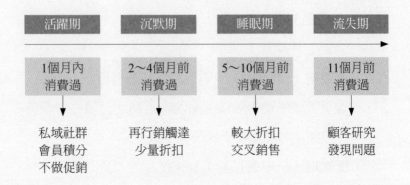

圖4- 1　根據客戶生命周期採取不同策略

部囊括進來，甚至可以包括不能產生交易但具備其他價值（比如傳播）的用戶。私域的作用在於降低獲客成本、提高接觸頻次，在低成本的高頻接觸中創造交易可能性，提高消費頻次。

就比如藥店的私域社群，可以通過相關性強的醫療保健內容吸引使用者，在持續接觸中創造消費需求或定期提醒消費，將低頻變成高頻。另一家中國大陸的育幼品牌公司「孩子王」則借助私域的KOC（關鍵意見消費者）黏住

客戶，提升了單客銷售額。孩子王的一線員工大多數擁有育嬰師證書，以育兒顧問的身份服務和管理會員，並成為微信好友。育兒顧問不承擔普通門店銷售任務，其核心職責就是會員的開發與維護，業績指標、獎金收入等與會員的數量、消費頻次、消費額等直接掛鉤。咖啡是高復購品類，但是集中度並不是很高。為了提高客戶對自身的消費頻次，加拿大咖啡品牌Tim Hortons在微信小程式內進行私域營運，通過會員體系來提升復購，目前Tims中國區80％的銷售都來自於小程式。完美日記、橘朵等國貨美妝品牌通過統一人設的帳號和客戶成為微信好友，每天都在微信群裡發佈優惠和新品資訊、鼓勵客戶參與各種小活動贏取福利，並積極引導討論，增強客戶黏性的同時，也提高了客戶的消費頻次。

除了針對客戶進行營運優化之外，產品優化也可以提高消費頻次。比如：開發產品的新用法、加大產品單次消耗量、重設產品使用週期、加快產品更新反覆運算等。有一家國際知名零售商，主要通過電視購物頻道銷售珠寶、服裝和收藏品。許多公司或許會因為沉睡或流失客戶的不積極購買而放棄他們，但這家零售商不願輕易放棄。他們

通過查詢資料庫，找到了原來的那些高價值客戶。其中許多客戶曾通過電視頻道進行過十多次購買，為公司帶來數千美元的收益，但近兩年內卻沒有了購買行為。

　　公司覺得有必要瞭解他們停止購買的具體原因。經過有針對性的研究，他們有了兩個重要發現：一，儘管他們長期沒有購買產品，但這些客戶仍然認為自己是該零售商的活躍客戶，並不認為自己有任何遠離它的想法；二，雖然他們仍有經濟能力以先前的頻率繼續電視購物，但他們的興趣不像從前那麼廣泛，而是變得更有針對性了。利用這些發現，零售商重新聯繫上這些客戶，並邀請他們完成產品興趣調查。根據他們的興趣回饋，該零售商為這部分客戶製作了定制化的電視購物時刻表。由於這些簡單的舉動，該公司成功地贏回了流失客戶，超過半數的沉睡客戶重新變得活躍。

客戶終身價值最大化

　　客戶終身價值（Customer Lifetime Value）即購買產品

的每一個客戶在以終生為週期中可能為企業提供的總收益。大多數企業主要的行銷策略就是要不斷考慮這兩點：（1）區分不同價數值型別客戶：分析哪些顧客有持續經營的價值，哪些沒有。因此，客戶資料的研究應詳盡並精細，從而更加準確的或得客戶終身價值。（2）對於不同類型的客戶進採取不同的行銷策略，將客戶的終身價值最大化。

區分不同價數值型別客戶

　　傳統觀念認為，客戶越多越好，因此大多企業陷入了只追求客戶數量，忽視客戶品質的牢籠中。然而，市場是由各種各樣的客戶構成的，每個客戶的特質、需求和購買能力都存在差異。每一個CEO都應該意識到，不是所有的客戶都能帶來價值，不是所有購買或使用公司產品的客戶就是盈利客戶。正如著名的「二八法則」所說的，20％的高價值客戶創造了公司80％的利潤，而剩下的80％的客戶只創造了20％的利潤。更極端的是，在某些行業，20％最有價值的客戶可能創造了150％～300％的利潤，中間60％-70％的客戶維持中間水準，而最底層10％-20％的客戶

則會把利潤降低50％～200％。可以說，最賺錢的那部分高價值客戶，在 明企業養最不賺錢的那部分低價值客戶。

顯而易見，對於企業來說每個客戶的價值是差異的，在資源有限的情況下，企業因基於客戶價值來進行資源投入。因此，一種方式是利用不同指標，對客戶價值進行歸類並實施分層管理是很有必要的。這樣使得企業在做行銷決策的時候能夠更有指向性，更加高效地分配有限的行銷資源。

那麼，企業應該如何進行客戶盈利能力分析，區分不同價值客戶並進行分層管理呢？

會計工具——作業成本法（activity-based costing，ABC）可以 明進行客戶盈利能力分析（customer profitability analysis，CPA）。作業成本法試圖識別服務每個客戶的真實成本，然後企業公司估計來自於客戶的所有收入，並減去所有的客戶成本，就能得到關於客戶盈利能力的大概資料。

需要注意的是，在作業成本法中，成本當中不僅包括製造和銷售產品或服務的成本，而且還包括所有用來服務客戶的公司資源成本——如接聽客戶電話、拜訪客戶、以及舉辦活動和發放禮物贈品禮物的成本。作業成本法還包

括諸如辦公室租金費用、辦公開支、耗材用品等間接成本，所有的變動成本和管理費用都分攤在每個客戶上。

而盈利客戶（profitable customer）就是指能在一段時間內不斷產生收入流的個人、家庭或公司，其所帶來的收入超過企業所能接受的，用於吸引該客戶、與該客戶進行交易、以及服務該客戶所需的成本支出。必須注意的是，這裡強調的是終身收入流和成本流，不是某一筆交易所產生的利潤。行銷人員可以根據細分市場或通路來測量個別客戶的盈利能力。

圖4-2是一種簡潔的盈利分析法，將客戶和產品按照盈利情況分為不同類型。其中C1是高盈利性客戶，因為他購買了兩個對公司而言有利潤的產品（P1和P2）；C2是中間型客戶，購買了一個對公司而言有利潤的產品和一個對公司而言無利潤的產品（P1和P3）；C3則是非盈利性客戶，因為他購買了一個對公司而言有利潤的產品（P1）和兩個對公司而言無利潤的產品（P3和P4）。對於不同類型的客戶，行銷人員需要採取不同的行銷策略。

還有一種角度可以對現有客戶做細分。強調「單客」，是因為涉及到客戶分級。在增量時代，我們可以暫時不考

圖4- 2 客戶—產品盈利性分析（資料來源：《營銷管理》）

		顧客			
		C1	C2	C3	
產品	P1	+	+	+	高獲利產品
	P2	+			獲利產品
	P3			-	虧損產品
	P4			-	高虧損產品
		高獲利顧客	混合型顧客	虧損顧客	

圖4- 3 根據客戶的消費意願和消費能力確定策略

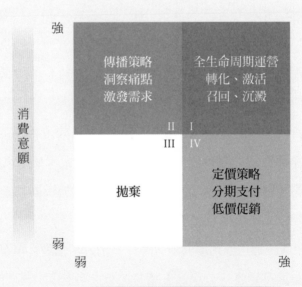

慮這一點，因為增量就意味著價值；但是在存量時代，在支出同樣成本的情況下，更精準的高價值客戶會帶來更多的業務增長。如何評估「高價值客戶」？可以仿照波士頓矩陣，以「消費意願」和「消費能力」分別為橫軸和縱軸做矩陣。消費能力有具體的指標，比如收入情況；消費意願則需要根據大資料洞察其愛好與需求。

第一象限：消費意願和消費能力都很強，是不折不扣的金牛客戶。對這類型的客戶需要進行全週期的營運：轉化、啟動、召回，最好能進入會員體系。

第二象限：消費能力強，但消費意願不高，是需要重點拓展的明星客戶。主要借助傳播策略，從情感和認知上去影響其意願。

第三象限：消費能力和消費意願都很弱，需要拋棄這部分客戶。很多品牌靠補貼積累起一些私域群，寄希望於靠提升後期用戶生命週期價值來收回成本提高收入，但是一旦補貼停止，這部分客戶就會流失。

第四象限：消費意願很強，但是消費能力不足，可以提供分期支付或進行低價促銷，暫時提升其消費能力。這點視企業所處不同階段或不同行銷目標而定。

　　第三和第四象限有個共同點是：不適合做長期客戶營運，耗費成本較高，與收入不對等。

將非盈利客戶轉化為盈利客戶

　　大量非盈利性客戶的存在，對企業經營是非常不利的。銀行就是一個典型的例子。許多銀行都擁有著大量的不盈利客戶，甚至有銀行表示，其一半的零售業務客戶都處於虧損狀態。這些不盈利客戶創造的收益很少，卻使用著銀行的多種服務。因此，有的銀行為了養表現最差的低價值客戶，反而會向高價值客戶收取高服務費，損害高價值客戶的服務體驗。在此背景下，銀行容易被競爭對手趁虛而入，造成核心客戶流失。

　　以滙豐銀行和花旗銀行為例。滙豐銀行作為香港最大的銀行，擁有最大的客戶規模。但正是為了供養如此龐大的客戶群體，反而消耗了大量成本在非盈利客戶上。滙豐銀行通過增收大客戶的服務成本、降低給大客戶的利益，來補貼非盈利客戶造成的低利潤甚至是填補虧損，使得大客戶承擔了更多成本。這時花旗銀行趁虛而入，主攻滙豐銀行的高價值客戶，因為沒有大量小客戶的成本拖累，所

以非常順利地推出了一系列針對大客戶的優惠政策，吸引了大批滙豐銀行的大客戶資源轉移。

因此，對於非盈利客戶，最好的結果是將他們改造為盈利客戶，如：

- 提高無利潤產品的價格，如對免費產品進行收費，增加客戶獲取成本，提升企業收入。

- 降低對低利潤產品或服務的投入，減少成本支出，使產品保持一定程度的收益。

- 轉移客戶業務，向客戶推薦對公司而言有利潤的其他產品。如對於多業務的公司而言，A類業務利潤低，那就將客戶引導到利潤高的業務上，在高利潤業務上賺回來。如騰訊旗下社交軟體QQ本身使用是免費的，但是依賴於QQ平臺的QQ遊戲卻能夠創造很大利潤，於是騰訊一直將QQ非盈利性用戶引導轉為QQ遊戲等盈利性業務的用戶。

要補充說明的是，如果企業發現客戶的非盈利性確實難以改變，可以最終選擇放棄這部分客戶（如取消該項產品或服務）或者鼓勵他們轉向競爭對手。

將盈利客戶終身價值最大化

對於企業而言，客戶終身價值是指客戶終身購買產品的預期總利潤的淨現值。企業應該將資源和重心放在高價值客戶上。許多企業通過建立會員制、發送生日祝福、送小禮物，或者邀請其參加企業主辦的活動，緊緊維繫客戶忠誠度，增加客戶終身價值。

當我們引入客戶終身價值的概念的時候，我們就應該意識到，客戶的終身價值的營運是一個持續性、長期性戰爭。對於使用終身價值概念的行銷人員來說，要時刻謹記採取有助於提升客戶忠誠的短期行銷活動。在客戶忠誠方面擅長採取短期以及長期視角的一家公司。

以下有三種方法可以提升盈利客戶的終身價值：

方法一：
延長客戶關係，貫穿客戶產品相關消費的全程

對於一些高價耐用品而言，購買頻率相對低，如果企業單純依靠客戶的單次購買，難以獲得高利潤。但是這些高價產品往往需要大量的後期維護或保養，因此許多企業

會做長關係鏈，延長客戶關係，提供客戶該產品相關的後期全程服務。

　　有一家瑞典重型設備機械銷售商就非常重視通過售後服務活動，來延長客戶關係。因為重型機械設備都是高價耐用品，使用週期長，提供後期全程服務不僅可以實現更大的客戶終身價值，也可以在激烈的競爭市場上獲得更多優勢。另一方面，做長關係鏈，延長客戶關係，在客戶下一次購買同類機械設備的時候就能占得先機。

　　基於這一背景，該瑞典重型設備機械銷售商主要提供以下售後服務：

- **保修期延長業務**：對於特定的設備，相對於購買備件和維修的費用來說，延長保修期是比較划算的選擇。但有時客戶也會考慮到延長保修期昂貴的費用，選擇在出現故障時再花費維修費用。

- **技術支援業務**：主要包括機械設備的日常檢修，保修期內外的維修業務，以及老舊設備的處置。因為重型設備高度技術化的特點，客戶本身一般不具備維修團隊或組建成本過高，因此銷售商設立了分佈各地的維修中心，提供檢修維修處置服務以滿足客

戶需求。

- **備件分銷業務：**備件的及時更換直接關係到設備的正常運轉，這對廠家至關重要。因此，該銷售商將備件分銷作為提升利潤的一個重要手段。為此，銷售商在各地建立了遞送網路以及儲存倉庫，使備件可以在2～3天內送達完成更換。當然客戶可以選擇自行前往倉庫領取備件，則不需要支付運費。

同樣，作為高價耐用品的汽車也是如此。對普通個人客戶而言，汽車價格高，使用週期長，大多數人一生只會購買一到三次，且60％～70％的人都不會再次購買同一品牌。因此維繫復購率是比較困難的。尤其是在市場競爭加劇的情況下，銷售環節的利潤逐漸被攤薄，單純的汽車銷售難以獲取高利潤。然而，在購買率和復購率雙低的情況下，汽車的維修率和保養率卻很高，因此汽車行業更多把利潤區鎖定在汽車售後的維護和保養環節，貫穿汽車使用的全程。如汽車4S店積極開展二手車置換業務，通過會員制激勵客戶進行汽車檢測和汽車保養的重複消費等等，都是在實現更大的客戶終身價值。

　　比如婚紗攝影公司，婚紗拍攝對普通客戶而言也是終身一次性消費行為。但是某些婚紗攝影公司會通過發放會員卡的方式來激發消費者重複消費，如持會員卡的客戶可獲得每年拍攝新人結婚後的周年照、寶寶照、全家福等照片的優惠活動，從而提升客戶終身價值。

方法二：
圍繞使用者需求，延伸多元產品線，做深客戶價值

　　企業通過集中一個固定的使用者群體，挖掘這部分群體的全方位的需求，並盡可能覆蓋消費者在這一段時期內的消費需求，實現客戶終身價值的最大化。

　　以總部設在美國加州斯科茨谷的Giro公司為例，這是一家生產極限運動高性能防護裝備和配件的生產商，在其將近35年的發展歷史中，一直將目標使用者聚焦在「追求極限運動和積極生活方式的人」身上。圍繞這一群體對於防護裝備的需求，Giro不斷擴展產品線，提供多種類的高性能產品，最大化程度地挖掘客戶的終身價值。從其發展歷史的角度來看，我們可以發現它是以運動頭盔為核心，不斷擴容，最終發展出整個生態圈產品：

作為其品牌代表性裝備的運動頭盔，這些年來不斷推陳出新，逐漸發展成了品類繁多、應用場景豐富的頭盔系列。從最開始的輕便型頭盔，到首創鎖帶式頭盔，Giro運動頭盔增進了山地騎行過程的穩定性。而山地頭盔、雪地頭盔以及步行道頭盔的分類設計，使極限運動者可以在不同地形的極限運動下，有針對性地使用不同的裝備。並且，隨著科技的進一步發展，為了給予極限運動者更優質的使用體驗，Giro於2012年推出了依據空氣動力學研究成果改進的運動頭盔。

除了品牌支柱——運動頭盔的發展之外，公司也在逐步擴展產品圈。圍繞著客戶需求，公司銷售的裝備種類日益豐富，早期研發的螺旋開蓋式運動水瓶，改變了人們對運動水瓶的一貫認知；隨後，Giro又進一步推出了運動型太陽眼鏡和多面板自行車手套。在2010年，Giro推出了自行車專用鞋。三年後，Giro自行車服上市。所有這些都鮮明地詮釋了Giro針對「追求極限運動和積極生活方式」的目標客戶的需求，不斷創新和延伸多元產品線，以達到豐富生態圈，擴大客戶終身價值的理念。

再以母嬰行業為例。母嬰行業的目標客戶一般是處於

備孕期——孩子3歲的媽媽群體。圍繞這部分群體的大量新需求，大部分母嬰品牌會提供三個階段的產品：

- **第一階段：**備孕和懷孕階段。在這個時期，準媽媽一般都需要購買防輻射服、孕婦裝、孕婦護膚品、葉酸等孕婦產品；
- **第二階段：**寶寶0～1歲。新手媽媽此時的購買清單上基本都是新生兒產品，如嬰兒服飾、紙尿布、嬰兒奶粉、奶嘴、嬰兒輔食等；
- **第三階段：**寶寶1～3歲。媽媽這時期一般會為寶寶購買學步器、吃飯訓練器、玩具、圖書等產品。

方法三：
交叉銷售和向上銷售，做高客單價，提升錢包占比

提升錢包占比也叫客戶的「購物車總值」。購物車內可能是同一種產品，更可能是多種產品的組合。其中可能有高價品牌商品，也可能有性價較高的低價促銷品。這為提高客單價提供了更為廣闊的思路。常規做法有兩種：提高單價、提高消費數量。企業往往會通過「交叉銷售」

（cross-selling）和「向上銷售」（up-selling）來提高每個客戶的成長潛力，通過新的產品與機會提升已有客戶的客單消費價格從而獲得更高的收入。

向上銷售，是指當客戶考慮購買某一低價產品時，鼓勵客戶去購買另一個價格更高、但對企業而言利潤更可觀的同類產品。2013年左右，「飛亞達」是中國唯一的一家鐘錶上市公司。當時公司有三大業務：自主品牌飛亞達手錶的產銷，以亨吉利為主體的瑞士名表連鎖門店，是中國最大的鐘錶企業，曾連續12年名列中國同類產品銷量第一。銷量第一卻不是銷售額和利潤第一的境況，讓飛亞達品牌非常被動。如何通過品牌戰略和市場行銷提升銷售額和利潤，是飛亞達面臨的最大難題。科特勒諮詢集團為飛亞達進行品牌戰略規劃及市場行銷諮詢服務。在完成飛亞達品牌定位之後，科特勒諮詢項目組圍繞「時間藝術和鐘錶文化傳承者」這一主軸，開始為飛亞達策劃明星產品：金佛祈福腕表。新品將藥師佛、金剛石、綠松石、12尊神，蔓草吉祥紋、藥師心咒等多重祈福元素融於一體，成為近年來鐘錶界最具文化內涵的人文藝術珍品。該錶的零售價提至勞力士等高端名錶的價格水準，從原定的26000

元直接提高到39800元（人民幣）。在該產品宣傳費用不足2萬元的基礎上，當年銷售量與原型表款相比翻了12倍，銷售額翻了30倍，占年度銷售額的1／5，利潤貢獻占到1／3。

至於交叉銷售，是指當客戶已經購買了某個產品的時候，推薦客戶購買其他和該產品進行配套的產品。因為電商的發展，這些銷售行為的實現也變得更為容易。如在商品頁右側推薦更高單價的商品，在商品下方推薦各種類似商品、互補商品搭配銷售等。

有一種「啤酒+尿布」的交叉銷售已經成為行銷經典案例，同時為電商推薦引擎提供了創新思路；推薦引擎根據客戶大資料，將關聯性強的商品推薦給客戶，或者將與客戶屬性相似的客戶所購買的商品進行推薦，以實現交叉銷售，進而提高客單價。又如Booking網站，通過使用側邊欄，顯示與當前正在查看的住宿具有類似屬性的住處，從而引導客戶向上消費。自訂產品也是一種很好的向上銷售策略，每增加一種定制就會抬升整體價格。

又比如我們在亞馬遜購買書籍時，書籍下方會展示「經常一起購買的商品」和「瀏覽此商品的客戶也同時流

覽」的書籍，以推薦其他類似書目，提升客戶單次購買價格；英國 Asos 線上時裝零售商在客戶瀏覽一件商品的實物圖時，會將模特身上其他的衣物及飾品推薦給客戶，激發客戶的購買欲，實現交叉銷售；在Apple官網購買手機時，會提醒消費者還可以購買各種配件如耳機、手機保護殼和無線充電支架等；Microsoft Store 也會顯示「經常一起購買」的產品達到同樣的效果。同時企業還會通過加入適當風險因素來賣出更多搭配產品，提升整體利潤。如在購買Apple手機的時候，商品頁面還會顯示「添加Apple-Care+服務計畫」，消費者如果加付一千元AppleCare+服務費用，可以獲得長達2年的技術支援，以及硬體維修和意外損壞保修服務。

　　除此之外，企業還會將兩種或兩種以上互補配套的產品同步推薦銷售，既讓使用者購買更多的產品，又讓使用者感覺便利省心。比如在購物網站購買相機的時候，經常會看到下方還有三腳架、相機包、存儲卡等排列在同一位置排列起來讓你進行勾選，在選擇的時候還能自動顯示同時購買這幾種產品將會節省多少錢，讓客戶在一次性很方便地購買多個產品的同時提高其客戶感知價值。

利用客戶關係槓桿創造更大資產

如前文所言，在5A時代（菲利浦・科特勒在《行銷4.0》中將顧客體驗路徑重新修改成5A架構：認知Aware、要求Appeal、詢問Ask、行動Act和宣導Advocate），客戶價值的核心是利用客戶的關係槓桿，使客戶主動擁護推薦，發動更多的人進行購買。在當前新的商業環境下，客戶價值不止是帶來現金利潤，還包括對於企業美譽度、傳播度等方面的價值影響。品牌與客戶不再只是單純的產品推送和購物消費的關係，而是有了彼此互動和互相認知。因此，由客戶的關係槓桿所產生的影響力更需要為企業所重視和運用。在這種背景之下，瞭解客戶關係槓桿的核心、建立客戶關係槓桿的關鍵和強化客戶關係槓桿的手段重要。

客戶關係槓桿的核心——NPS（淨推薦值）

NPS（Net Promoter Score）：淨推薦值或稱淨推薦分數。研究者發現，「是否願意推薦」這個問題得到的結果與用戶行為關聯度最高。通過詢問客戶「0～10分，你會有

多大可能性推薦我們的產品或服務給你的親朋好友？」，
計算客戶有多大幾率自願分享推薦某個產品／服務的指
數。　NPS是測定品牌口碑和客戶忠誠度的關鍵指標，也與
企業利潤增長有著高度的正相關性。在許多領域如航空領
域，淨推薦值與該公司的平均增長率存在非常強的相關。
一般而言，巨頭企業如微軟、可口可樂、亞馬遜等大型品
牌擁有非常高的NPS，用戶口碑和營收利潤雙贏。

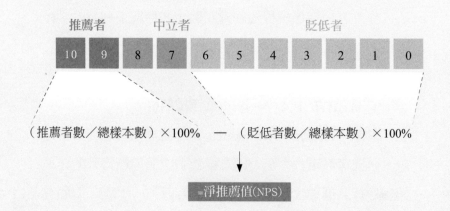

圖4- 4 NPS淨推薦值（資料來源：《營銷管理》）

　　根據回答，我們可以將客戶分為三種類型：9～10分叫推薦者（Promoter），7～8分叫中立者（passively satisfied），0～6分叫貶低者（detractors），推薦者比例減去詆毀者比例，就是一家企業的NPS。分數為正則表示願意持續購買、向他人推薦的忠誠客戶占多數，那麼客戶價值就會正向增長：

- 一般而言，9～10分段的推薦者是我們最重要的用戶，是企業利潤的重要來源。這部分人數可能只占比20％，但往往貢獻了80％的利潤。對於這部分使用者，我們所要做的就是維持用戶的滿意度，留住他們。例如航空公司和旅店業會通過建立完善的積分會員制度，來維繫頭部忠實客戶。
- 7～8分段的中立者已經對企業有較高滿意度和好感度，具有最大的發展潛力，是企業可以繼續挖掘的群體。企業可以針對中立者的需求，進一步優化產品或服務打動他們，將他們升級為「推薦者」。
- 0～6分的貶低者，可能是對企業而言表現最差的用戶。他們會提高產品營運成本，同時通過散佈差口

碑影響其他用戶也不購買你的產品。最佳轉化途徑
是通過溝通，努力將其轉換成更有利的客戶。但如
果企業的解決能力無法滿足其需求或者解決成本高
於所獲利潤，那麼建議戰略性放棄這部分使用者，
將資源投入更有價值的用戶上。

　　尤其是對於初創企業而言，在最前端的市場導入階
段，亟需第一批願意做口碑、願意支援購買，甚至是願意
提供產品意見、伴隨 明企業成長的忠誠客戶存在。只有
透過他們，初創企業才能在市場上紮根、逐漸擴大規模，
所以對於初創企業來說做NPS最重要的是找到他們的忠誠
客戶，也就是推薦者，思考如何發揮他們最大的價值，複
製更多的忠誠客戶，才能逐漸擴大規模。

　　這種需求對於當年剛剛創立的PayPal而言也是如
此。PayPal初創時最大的挑戰就是獲取新用戶。他們嘗試
過投放廣告，但是價格太貴；他們也嘗試過找大銀行進行
商務合作，但是實施起來也非常困難；最後他們推出了現
金獎勵措施。使用者只需註冊、確認他們的電子郵寄地址
並添加信用卡，就可以獲取20美元的獎勵，如果他們再推

薦他人註冊PayPal，可以再獲20美元的獎勵。這時期PayPal達到了7％～10％的日增長。在第一年裡，PayPal花費了數千萬美元的註冊和轉介獎金，並在2000年3月之前獲得了100萬用戶，到2000年夏季獲得了500萬用戶。這樣的獎勵機制使其獲得了第一批種子用戶，而他們又因為便捷安全的使用體驗轉化為了PayPal的忠誠用戶。隨著用戶數量的增加，獎金逐漸降到了10美元、5美元，隨著整個PayPal的使用者網路變得越來越大，最終網路本身就已經擁有了足夠的吸引力價值，不再額外需要提供任何獎勵了。

再如某優酪乳在產品籌備期的時候，通過宣傳「天然健康+口味豐富」的優酪乳理念，吸引了最初的一批種子用戶，這批用戶的任務就是每天來試吃優酪乳。這樣反複試吃、回饋、再試吃、再回饋的過程，使得第一批粉絲成為了種子用戶，參與到該優酪乳品牌最初的產品生產、開發、口味反覆運算和調整中，最終創造了創新有差異且口味豐富的產品。

對於一些口碑型行業和留存型行業，淨推薦值也非常重要。如餐飲行業，如果口碑不佳，既難以吸引新客戶，也難以做好老客戶留存。某餐飲品牌自從啟動了新的客

戶留存和客戶體驗策略之後，保證菜品「好吃、好看、快上、低成本」， 承諾菜不好吃不要錢，保持1％到2％的退餐率，100％的門店執行，同時對超預期服務進行內部比賽，打造了超預期的口碑，進行了良好的客戶推薦度NPS管理。

建立客戶關係槓桿的關鍵——提升NPS

雖然NPS指標有諸多優勢，但計算出NPS值只是起點，制定和採取改善行動才是關鍵，企業只有配合後續行動，才能讓NPS從一個分值變成一個系統，真正指導企業行為。提高NPS的路徑主要由兩種，即：提升客戶滿意度和提供推薦驅動力。

管理客戶體驗過程，提升客戶滿意度

完善客戶滿意度是促進NPS的基礎要素，企業需要做好全程的客戶體驗管理。一般來說，客戶的NPS打分，來源於他與企業或產品的所有直接接觸或間接接觸經驗，其中可能包括廣告、新聞、網路評論、朋友聊天內容，或者購買過程、產品使用感受或售後服務等等。所以如果NPS

的分數低，那一定是在某個體驗環節中出了問題。因此，企業需要認真調查和分析整個體驗環節，完善客戶體驗管理。

　　具體來說，通過完善客戶體驗過程，提升NPS的步驟可分為以下三步：

- **第一步，找出關鍵體驗環節**。畫出客戶體驗地圖，其中包含線上線下銷售、產品購買、產品使用、售後服務等環節，邀請客戶對每一項進行評價，並同時給出整體NPS評價。然後，通過回歸分析計算出體驗環節與NPS相關係數，關聯數越高則證明該體驗環節對NPS的影響越大，企業需要集中資源來解決或優化這些關鍵體驗環節存在的問題。

- **第二步，進行跟蹤與再優化**。當優化關鍵體驗環節之後，需要對日常營運進行追蹤並驗證其是否有效。主要方式是定期開展NPS調查。如果NPS提高，則代表優化有效；如果沒有取得明顯成效，則需要回到第一步重做診斷。

- **第三步，及時處理NPS危機**。企業需要在關鍵體驗

環節追蹤客戶的NPS變化，及時挽救NPS危機。如果在某一個體驗環節後，客戶迅速變為詆毀者，企業必須配備相對應的人員去迅速挽回客戶。維珍航空公司認為對不滿意客戶的回應最為重要，如果能很好地處理投訴，甚至讓客戶參與解決方案，客戶反而會更親近品牌。曾經有一位頭等艙的客戶寫了一封投訴信，抱怨自己遇上了一頓可怕的印度主題餐。維珍及時而妥當地進行了處理，並邀請該乘客明維珍檢修其功能表，最後還擔任了該航空公司烹飪委員會的董事會成員。

釋放推薦驅動力，推動客戶主動推薦

正如上文所提到的，吸引客戶更積極地進行推薦，提升NPS，可以提供目標使用者當前非常想要並且你能夠提供的和自身產品相關的產品或服務。主要可以通過以下幾種方法：

- **提供實用價值：**即客戶如果主動推薦該產品，能給自己或他人帶來一定利益或好處。例如Dropbox是一家存儲公司，為客戶提供雲存儲服務，它將額外

免費的存儲空間作為推薦人和被推薦人的獎勵。註冊流程的最後一步就是「邀請一些朋友加入，即可獲得儲存空間」。得益於社交網路的便捷，通過推薦獎勵計畫，Dropbox的客戶量在15個月內從100,000激增至4,000,000，實現了業務的飛速增長。

- **提供社交貨幣：**所謂社交貨幣，是指人們都傾向於選擇標誌性的身份信號作為判斷身份的依據。簡而言之，就是利用人們願意與他人分享的品質來塑造他們的產品或想法，從而達到口碑傳播的目的。企業通過創造有利於客戶展現個人身份和個人優秀品質的內容，有利於分享，因為他會覺得這是他個人身份的體現，會讓他的個人形象更好，獲得更多好評。

- **喚醒情緒：**社交媒體上的情緒在生理和心理方面具有高喚醒性。激發生理或心理上任意一種反應，都可以提升人們主動傳播的欲望。

強化客戶關係槓桿的手段——數位化

數位化是強化客戶關係槓桿的重要手段。在數位時代，客戶不再是在孤立的狀態下完成整個購買過程，企

業、客戶及其他緊密的利益相關者之間的各種互動全方位覆蓋。在數位化環境中，客戶的整個購買過程都會與各種資訊來源進行互動，從關係分享中引起消費需求，到發佈各種評價，以及後續的線上購買，消費者移動互聯時代不是一個人在做孤立地作出各種決策，而是在各種關係網的共同作用和影響下作出決策，是一群人共同作出的決策，由一個個看似獨立的個人來表達。客戶可以通過網路在世界範圍內與具有同樣需求、興趣和價值觀的人溝通。這些人包括已使用產品的意見領袖、相同志趣的人、以及「擬人化」後的企業。

隨著移動互聯網以及新的傳播技術的出現，客戶能夠更加容易地接觸到所需要產品和服務，也更加容易和與自己有相同需求的人進行交流，企業將行銷的中心轉移到如何與消費者積極互動、尊重消費者作為「主體」的價值觀，讓消費者更多地參與到行銷價值的創造中來。在數位化時代，利用好客戶關係槓桿，可以讓你的客戶數量倍增，產生裂變效果。

是否利用好客戶關係槓桿取決是否利用好最初的一批購買者，即是否成功放大初始購買者。利用初始購買者（

即企業已有的客戶資產）的社交關係裂變與客戶資產功能的多元化，將普通的消費者轉變為一個購買商，給你企業帶來源源不斷的更多的消費者。

　　未來企業之間的市場競爭，將是企業的客戶關係槓桿組成的不同「關係網」之間的競爭。有項研究指出：客戶會更傾向於相信、依賴他們的熟人的建議去作決定，有90％的人信任他們的配偶，82％的人相信他們的朋友以及69％的人相信他們的同事；但是只有27％的人相信製造商或者零售商，14％的人相信廣告主和名人。由於客戶更加習慣和依賴「關係人」的建議。即使在 B2B 領域，專業的採購人員也會通過網路平臺尋求更加中立的建議。而數位化環境也為這些購買者提供了更加豐富的外部專家資源和更加便利的資訊獲取方式和場景。今天的關係，不只是一個人與人之間進行情感交流的狀態，同樣可以為企業開展資訊傳遞、產品創新，我們稱之為「參與感」；而人員的招募、分銷通路，這樣的關係就成為企業放大資源的槓桿，就會有很好的投入產出比。

　　企業如何用好數位化工具強化關係槓桿，形成自身的「關係網」呢？

方法一：打造品牌社群

　　為了激發口碑與參與，建立社群尤其重要。IBM商業價值研究院2016年做的調查發現，消費者對品牌的偏愛依然存在。新一類「高能力消費者」重新激發了對品牌溝通、交流和分享的熱衷度和興奮度。這些消費者主要是年輕人，而且主要是來自全球發展中市場的消費者，也分佈於每個國家、不同年齡段和收入水準的人群中。其中，與其他年齡段的消費者相比，千禧世代更願意為有利於健康的產品（64％）、有社會責任的做法（54％）以及對產品採購和製造提供全面透明度的品牌（54％）付費。品牌價值觀是構建品牌忠誠度的重要元素，進而提高內部引力，降低客戶留存成本。企業可以通過與其客戶共同搭建交流社區，讓客戶成為這一社區的核心。引導客戶在這個社區上發表意見，提出建議，這些觀點都可以變成企業對產品、供應鏈、通路選擇的重要改革點。例如小米公司，在早期還沒有手機的時候，建立了MIUI（小米的作業系統）愛好者的社區，讓使用者決定OS（Operating System 作業系統）的功能，一起改進MIUI，打造了當時最好用的中文安卓系統之一，為後來的手機上市積累了大批的潛在消費

者；在小米手機上市後，也建設了基於各款手機的專屬社區，吸引用戶討論，傾聽用戶對下一代手機的期待，牢牢地讓消費者和企業連接在一起，保持高用戶黏性。

　　品牌社群的起點是組建圍繞產品的興趣俱樂部，會員未必是產品的購買者，參加的條件非常寬鬆，目的在於儘量吸引更多的興趣人群，也就是潛在客戶群體。而隨著社群私密性和參與度的增加，部分品牌社群具有較強的資格限制，如老成員的推薦以及年度新入成員名額等限制；成員在參加後也有更多的參與活動，對品牌社群從信任昇華至信仰的程度。企業可根據市場競爭的需要，組建不同功能定位品牌社群。如為提升行業專業影響力組建的外部顧問團體；針對現有高價值客戶組建的精英型俱樂部，如航空公司營運的不同層級的常旅客俱樂部。

　　品牌社群成員的來源大致可分為兩類：線上平臺關注者以及來自線下導入的關注者。線上成員的聚攏可以通過自有雇員、資料庫（客戶、股東、供應商）、搜尋引擎優化、社交網路、線上廣告和彈窗廣告等方式；而線下的成員聚攏方式則主要有展會、傳統廣告展示、公關廣告活動、零售曝光、線下推薦等。

　　企業需要時刻提醒自己，品牌社群的核心在於成員建立相互關係，企業只是一個組織者，提供一個平臺，幫助社群成員滿足他們的社交需求。在品牌社群的平臺上，社群成員可能是追求相同的歸屬感，可能是新的情感依賴，

圖4- 5　品牌社群的 9 種類型
（資料來源：Sean Moffitt at Buzz Canuck）

可能是某種社會地位的自我認定。企業需要識別出這樣的需求，並組織能夠更好滿足這些需求的社群活動，這樣的社群才有長期發展的根本。切忌將社群作為變現的工具，將達成交易作為社群活動的核心。

　　品牌與社群的建立並非嚴格的因果關係。好的品牌不一定會自然地建立社群，好的社群也不見得能夠自發地產生品牌。二者是兩個緊密聯繫的不同的工作。KMG（科特勒諮詢集團）認為，品牌社群的建立有四種吸引力。

- **品牌吸引力：**在品牌建立的號召下，企業有機會建立初步的社群。如果後面社群本身無法組織合適的活動，無法給社群成員提供社交價值，那麼成員會逐漸退出。

- **關係吸引力：**在加入社群之後，品牌社群的成員會受到其他單個或多個成員的吸引，他們在原有社交關係之外衍生了新的社交關係，退出社群將破壞這些關係。因而企業可以有意識地組織能夠培養成員相互間關係的活動。

- **小團體吸引力：**社群中的部分人可能因為某些因素形成大社群下的小團體，比如地域、性別、職業等

其他因素。小團體加強了社群對成員的吸引力，主動按照一定的身份標籤促成小團體的產生對社群良性發展有較好的幫助。但需要注意的是，小團體會形成自我意識，在某些情況下可能會脫離大的社群組織，或者做出對大社群不利的行為。小團體也會對團體以外的成員產生排斥力，因而需要品牌社群仔細衡量並加以控制。

- **偶像吸引力：**社群中的個別成員可能擁有較強的魅力，能夠吸引其他成員。企業需要及時發現社群中的潛在偶像並提供官方支援。擁有身份認同感的社群成員會樂於推動社群發展。在某些情況下，企業還需要主動樹立偶像來散發領導力的魅力。但與小團體類似，偶像成員也會可能跟品牌背道而馳，做出傷害社群的行為。這也是需要企業仔細衡量的關鍵因素。

　　美妝品牌「絲芙蘭」在 明客戶與線上社區建立聯繫方面就做得非常出色。其「Beauty Talk」的創建最初是為了回應Sephora.com上留下的數千條線上評論和消費者查詢，

現在已經發展成為一個龐大、組織良好的論壇。用戶可以在這裡提出問題，分享想法，並且可以與產品和社區互動。使用者上傳穿著絲芙蘭產品的照片，照片就可以連結到該產品頁面。

如此一來，客戶成為即時品牌大使，激勵他人使用產品。而絲芙蘭所做的只是為客戶分享創造平臺。而且，該品牌的行銷團隊可以使用該論壇來瞭解客戶感興趣的產品以及他們的痛點。他們還可以回應客戶服務問題，將大量客戶關係工作放在一個通路中。

方法二：實現社交媒體裂變

社交媒體作為一種數位技術，給企業提供了一個能夠更深入、更便利地與顧客進行溝通的通路。因此社交媒體是數位時代培養品牌忠誠的一種工具。對於傳統的行銷方式，其傳播速率更接近與勻速增長，而社交媒體行銷的傳播速率可以達到指數級。當企業通過社交媒體平臺發佈行銷內容，關注該企業的用戶會進行轉發或評論，如果這個行銷內容能獲得不斷的轉發，即使是那些還沒有關注該企業的用戶也能通過對應人群的轉發而接收到這一資訊。通

過這樣的方式，社交媒體能 明品牌獲得難以想像的關注度，本章中我們也談到了如何在社交媒體上「瘋傳」。

但是僅僅看到、關注是不足夠的，企業還需要鼓勵使用者參與進來。為了解決提升客戶參與程度的問題，- Google的研究團隊開展了一個研究項目。 研究成果發現，從曝光到參與的全過程包括用戶選擇、互動、 分享、轉化四個步驟。他們認為提升客戶參與的關鍵點如下： 「在資訊爆炸的背景下，那些關注社交參與度的企業會比只關注曝光的企業更容易獲得成功。正如在中國的社交媒體投入上，『微博』是做廣度，微信是做深度。」

傳統的行銷方式會對目標人群做大量的傳播，但這些企業會採用完全相反的方式，他們會首先關注那些對於品牌傳播來說最關鍵最重要的人，通過他們的觀點與建議來放大品牌影響力。

過去基於銷售漏斗的假設採用的大範圍的傳播方式需要更新，企業需要關注最關心自己品牌的意見領袖們，將絕大部分的資源用於維護這個群體，並通過這個群體的影響力以及社交帳號覆蓋其他的所有客戶。具備強大社交媒體行銷能力的企業比如星巴克、亞馬遜、特斯拉採用的都

是這個方法。對行銷人員而言，這意味著原來以消息發佈以及傳播為主的工作角色開始轉向營運領域。在客戶服務中，會產生很多與客戶發生關於品牌的互動機會。客戶服務是一個很好的傳播工具，精明的行銷人員正在尋找充分發揮其作用的方法。行銷活動的新重點已經轉變為如何理解並管理客戶與企業的社交互動，並將客戶變為品牌傳播的媒介。在現今的社交時代，社交媒體給消費者提供了可以自由發佈個人觀點的方式。企業要合理運用組織促使消費者分享有助於自身品牌的觀點。

- 90％的消費者會在與別人進行社交互動後推薦品牌；
- 83％的消費者表示用戶評論經常或有時會影響他們的購買決策；
- 80％ 的消費者在閱讀負面線上評論之後會改變購買產品的意向；

　　社交媒體的特別之處在於它是用戶自發性的內生行為，並不是受企業在外部強加的結果。品牌能夠適應這種真正以客戶為中心的方法。產品極致化，客戶服務，使用

者產生內容（UGC），客戶忠誠管理以及企業粉絲管理改變了傳統的品牌行銷方法。社交媒體賦予了消費者一個能夠影響周邊人產生品牌偏好的能力，而這些都是傳統的行銷行為做不到的。

以中國電商「拼多多」為例，它利用了微信社交軟體相對分散、更加具有場景化的功能，以流量做切入，以用戶為源點，以好友分享與傳播為基礎，以拼團超級優惠為價值點，使得每個用戶都成了它的可以裂變的行銷通路，都成了它的流量分發中心與信任背書平臺，每個用戶都是團購的發起者，也可以成為團購資訊的接收者。與此同時，基於社交關係的信用認可也減少了使用者對電子商務平臺的不信任。在購買高品質和低價格的產品後，使用者增強了他們對拼多多平臺的信任，並成為下次開團的發起者。就這樣，拼多多吸引了更多用戶，形成一通十通的裂變效應，獲得爆炸式增長。

因此，對企業的CEO而言，只有關注管理好客戶基數，最大化客戶終身價值和強化客戶關係槓桿這三大要素，才能真正地從客戶身上獲取最大化的企業利潤。

CHAPTER

5

從顧客行為出發的
市場戰略

> 經濟學是市場行銷之父，
> 消費者行為學是市場行銷之母。
> —— 菲利浦科特勒

顧客行為——
決定公司市場競爭成敗的「咽喉」

當企業家在思考、制定和實施公司市場競爭策略的時候，無論怎麼強調顧客行為都是不為過的。因為，顧客是企業收入和增長的真正來源，顧客的態度與行為是決定企業一切戰略活動最終成功與否的「戰略咽喉」。亞馬遜的創始人貝佐斯也曾明確表達：「不要過分關注競爭對手，因為，畢竟是你的顧客而不是競爭對手為你帶來實實在在的收入」。因而，顧客行為是企業市場競爭戰略行為的「底層藍圖」和「原始程式碼」，它指導企業的市場行為開展，並檢驗企業市場行為的有效性和持續性。實踐中，戰略型企業家會誤以為消費者行為是非常微觀的「戰術動

作」，對企業的戰略成功不會造成決定性的影響。而商業實踐顯示，除了面臨行業整體衰亡的大變局之外（如傳統機械打字機行業所經歷的整體性消亡），更多企業市場戰略競爭的成敗是由消費者行為中那些具有戰略決定作用的「戰略戰術點」決定的。

如下頁圖5-1所示，學人馬瑟斯博（David L. Mothersbaugh）與霍金斯（Del I. Hawkins）在《消費者行為學：構建市場行銷戰略》（Consumer Behavior: Building Marketing Strategy）一書中更是將市場行銷戰略總結為從市場競爭方式規劃到顧客行為發生、以及基於顧客行為發生而產生的企業市場收益的四個緊密相連的步驟，這四個步驟是一個從顧客視角出發的完整公司層面戰略管理過程：

（1）市場環境分析：環境分析是任何層級商業規劃都無法忽略的前提，市場導向的市場環境分析重點在於回答一個關鍵問題，如何在未來外部因素的影響下，比競爭對手更好地滿足目標顧客不斷變化的需求。外部環境因素包括行業管理政策、行業生產與服務技術演進趨勢、社會思潮對顧客價值觀和產品消費應為影響、顧客收入及需求關注點的演變方向等，各類競爭對手的市場競爭策略。市

圖5- 1 從戰略到利潤：戰略實現的咽喉是顧客行為的發生

宏觀（產業）	市場分析	• 環境（Change） • 公司（Company) • 競爭者（Competitor） • 顧客／客戶（Customer）
中觀（產品市場）	市場細分	• 識別與產品相關的不同需要（Needs） • 基於不同產品需要進行整體消費者細分（Segmentation） • 策略性選擇企業目標客戶群（Targeting）
	市場策略（公司視角）	• 產品（Product） • 價格（Price） • 通路（Place） • 促銷與服務（Promotion）
微觀（顧客行為）	顧客行為策略（顧客視角）	• 意識到需求（問題） • 訊息搜集 • 評價選擇 • 購買 • 使用 • 購後評價與行
公司戰略的真正實現	市場策略效果	• 顧客價值滿足 • 公司營收增長 • 社會及利益相關者

場環境分析中的顧客分析重點在於將顧客作為一個群體來分析，並未深入到作為「個體」的顧客消費心理與行為分析。

（2）基於產品差異化需要的市場細分：需要（Need）是市場行銷學的「基石型」概念。需要是指顧客在生理與心理層面的某種不滿足感。不滿足感是開啟消費歷程的根本動機，也是顧客進行消費所要最終滿足的目標。比如對每個人對於可 式個人電腦的產品特徵需要是不同的，這因為每個人通過便攜個人電腦要滿足的個人需要（Needs）是差異化的。出於不同的需要，企業可以細分出不同類型顧客對於產品特徵和功能的差異化需求。電子競技愛好者會關注個人電腦的顯卡和音效卡性能，以獲得更好的遊戲視聽體驗。這就為廠家細分出一個產品關注特徵明確的「遊戲本」顧客市場。在根據顧客對產品品類需要的差異進行市場細分後，企業還要根據市場吸引力與自身的相應競爭能力進行中和考慮，最終決定企業是否要進入或更加關注該氣氛市場。比如在2018年的一次媒體採訪中，華碩電腦有限公司CEO沈振來表示中國大陸遊戲本市場的年出貨量大約在300萬台，並看好全球遊戲本及周邊產品市場的

持續增長。基於這樣的市場吸引力判斷，華碩的目標會進一步加大在遊戲本市場的發展。無論是選擇滿足對產品品類所有類型的需求，目標顧客市場是企業進行市場戰略規劃的「必修功課」。無論是全面覆蓋還是側重個別細分市場，企業都必須進行選擇。比如義大利高檔男裝品牌傑尼亞（zegana）選擇為成功男性群體提供高價高品質的時尚男裝，而日本企業優衣庫（UNIQLO）最新的品牌策略是「服適人生」，這顯示出優衣庫的目標市場選擇策略是滿足各年齡段、各性別人群對基本款服裝的需求。

（3）公司市場行銷策略：而一旦企業做出細分顧客市場選擇，企業的產品開發（Product）、定價策略（Price）、銷售通路（Place）以及推廣和廣播方式（Promotion）就必須進行一致化的開發，確保企業的各項內部活動是圍繞著選定目標顧客的需要偏好而開展的。4P模型的歷史悠久，美國密西根州立大學教授傑羅姆‧麥卡錫（Jerome McCarthy）於1960年在其第一版《基礎行銷學》中，通過總結和提煉不同類型企業內部市場活動，第一次提出了「4P」行銷組合經典模型，即產品開發（Product）、價格組合策略（Price）、銷售通路（Place）、促銷（Promotion）。

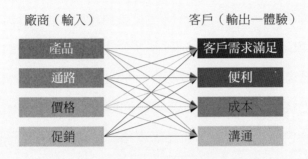

廠商（輸入）　　　　　客戶（輸出—體驗）

產品　　　　　客戶需求滿足

通路　　　　　便利

價格　　　　　成本

促銷　　　　　溝通

圖5- 2　從4P 到4C

通過形式看本質，企業家需要認識到4P不是市場戰略規劃的終點，而是滿足目標顧客需求的手段。在以顧客滿足為目標的前提下，運用4P架構，有助於將工作分解為內部視角下的工作。

（4）**顧客行為策略：**很多企業的市場行銷策略是從企業的角度出發進行的內部行為規劃，但企業內部行為的物件還是目標顧客，企業市場行為的目的和檢驗標準是有效地促使顧客行為的發生。這是一個經常被市場戰略規劃所忽略的環節，但卻是最終決定公司市場戰略能否實施的

決定性環節。在行業技術和政策發展相對穩定的行業，公司市場戰略規劃更多地從顧客微觀行為發生與改變的角度獲得啟發，將延續和改變顧客行為的微觀機會點放大為公司戰略突破的機會點。而顧客的微觀行為按照經典的消費者行為模型可以分為，產品需求意識、資訊搜集、同類產品比較和決策、購買及購買後行為。在數位化技術的賦能下，顧客的行為會發生「折疊」，很多場景下，顧客不會完整的走完消費者行為的每個環節。比如，在衝動購買的場景下，顧客會跳過產品資訊收集和比較，直接進入下單購買環節。而這也往往成為很多企業市場策略成功的重要原因。

　　總而言之，檢驗企業市場戰略的規劃不止要看企業視角下的市場戰略規劃的合理性、可行性，更要關注企業是否從推動顧客行為發生的角度進行了充分的洞察和準備。一個好的市場戰略，一定是一個能更好地洞察和善用顧客心理，並有效和友好地推動顧客行為發生的市場戰略。

什麼才是完整的顧客行為地圖：
顧客行為＝心動×行動×可持續性

　　顧客行為並不只是我們日常能直接觀察到的相關舉動，比如進店、注意廣告和購買以及接受口碑和推薦。萬事皆有因果」。完整的顧客行為，是行動與心動的組合，是顧客外部可觀察的相關購買行為與內部心理與情緒活動的綜合。顧客的外部行為是由顧客自身的內部認知與心理因素所決定的。

　　根據本書作者群的研究，如下頁圖5-3所示，完整的顧客行為體系由兩個部分組成：顧客行為歷程與心路歷程。這兩個部分一明一暗，但都是企業進行顧客行為管理時不可或缺的組成部分。

觀其行 察其心

　　明線是顧客行為歷程，經典的顧客行為歷程包括六個階段：需求意識、需求和產品資訊搜集、備選購買方案評價和購買品牌決策、購買通路選擇和購買行為、產品和服務體驗與使用以及購後行為。這六個階段是一個普遍適用

圖5- 3 完整的顧客行為體系：
行為歷程（外部行為觀察）+心路歷程（內部驅動）

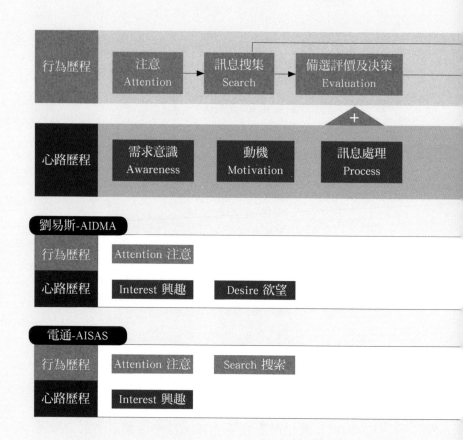

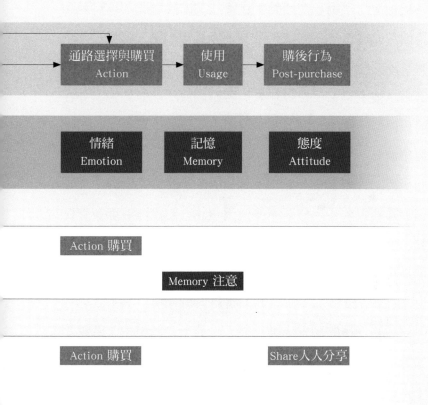

性的顧客行為歷程，它全面展示了一個完整的顧客行為歷程。在商業實踐中，顧客的實際行為也經常因為產品的特點和企業的市場行銷活動，在這六個階段之間進行跳轉和疊加，普遍適用性的顧客行為不能直接照搬。需要企業根據自身的產品特點和發展階段進行個性化定義。顧客行為是可以被企業和市場研究人員明確觀察和記錄的顧客外在購買行為，比如，顧客的購買頻率、單次購買金額；而在數位時代，借助移動互聯網和大資料技術，顧客行為更加可被記錄和定義，比如顧客主動的品牌資訊搜索，登陸和啟動個人帳號，分享產品使用資訊，點讚和頁面瀏覽數量。很多數位時代的增長模型本質都是建立在顧客的關鍵行為管理的基礎之上。

「意在畫外」，顧客的消費行為的產生，其實是顧客內心活動作用的結果。推動顧客消費行為的發生，關鍵是要管理顧客的「內心戲」。企業要通過對顧客的動機產生、資訊記憶和處理、情緒和態度產生的方式進行細緻管理，以激發、簡化和滿足顧客的心智活動需求。所以，認識和掌握顧客的認知心理學、消費心理和決策模式就成為打開顧客心結的關鍵。而對人行為和決策模式的研究也已

經成為所有涉及「自然人」學科的底層研究方法。

- 以諾貝爾經濟學獎為例，1978年司馬赫（Herbert A.Simon, 1916-2001）因為「經濟組織內的決策過程進行的開創性的研究」而獲得諾貝爾經濟學獎。他提出的「有限理性決策」理論，解釋了在做各決策時，因為成本和能力的限制，實際追求的是「令人滿意」的決策。

- 而2002年諾貝爾經濟學獎得主丹尼爾‧卡曼（Daniel Kahneman）更加是一名純粹的認知心理學家。他認為，我們的大腦有快與慢兩種作決定的方式。常用的下意識的決策系統，「系統1」，更加依賴情感、記憶和經驗迅速作出判斷，提升了決策速度，降低了決策難度。但這種「快思」的決策模式，也很容易「使聰明人辦傻事」，它固守「眼見即為事實」的原則，任由損失厭惡和樂觀偏見之類的錯覺引導我們作出錯誤的選擇。而有意識和主動的「慢想」，「系統2」，通過調動理性注意力來收集資訊，全面分析和解決問題。但這個過程需要人付出

更多的注意力，使人的認知能力處於緊張狀態。除非有足夠的動機和動力，否則人們更傾向於使用「快思」的方式完成決策。他根據研究成果完成的著作《快思慢想》，一上市就成為大眾暢銷書，並在各社會科學領域成為高引用頻率觀點。對於認知心理學和決策模式的研究在市場競爭領域也有著廣泛的應用，對企業最終獲得顧客發揮著決定性的作用。

正如那句俗話，「知人知面不知心」，顧客心路歷程是顧客行為的暗線，之所以稱之為「暗線」，是因為心路歷程顧客心路歷程往往無法被顧客主動和清晰地描述出來，也無法被企業通過數位手段直接和簡易地觀察到。甚至在有些場景下，這些行為是顧客的潛意識的影響，需要企業家在充分瞭解顧客的基礎上去主動體驗、洞察。比如，一位購買家用空氣清淨機的男性顧客，他的產品需求背後的深層次心理需求是履行「有能力和有責任感的父親」的社會角色，那企業就要明白客戶的價值是有層級的組合，而非簡單的物理形態的產品。因此，顧客產生行為

的原因是認知與心理因素才真正是顧客行動歷程發生的第
一推動力。

善意的攻心術讓顧客行為可持續

　　無論是初創企業還是成熟企業，企業家最常見的困難
是在眾多的競品中引發顧客的注意力，進而才能實現引
流、獲客與交易。為了在這場昂貴的注意力爭奪戰中勝
出，很多企業不惜以帶來受眾負面影響的市場傳播和溝通
方式來強行獲取注意力。但真正洞察顧客心理與感受的企
業會意識到雖然標歧立異、甚至造成負面感受的方式能引
起顧客的短時間注意和記憶，但負面態度和情緒將影響顧
客後續的行為，這將不利於企業和品牌後續的美譽度和忠
誠度。而積累的負面情緒聯想也會在潛意識中負面影響顧
客對品牌的心理接受度以及相應的產品購買行為。這也提
示企業在激烈的「顧客注意力爭奪戰」中，既要注意「知
名度」，更要注意「美譽度」和「推薦度」，在曝光和重
複形成顧客記憶的過程中，要通過創意和善意去營造友善
的顧客感受和氛圍

　　所以，企業要重點對造成顧客行為的原因，即「認知

和心理因素」進行針對性管理。這才能真正從根源上解決
了顧客行為發生的問題。比如，企業提升品牌的知名度和
認知度，企業不止要提升產品資訊投放的覆蓋度和強度。
更重要的要看投放資訊和方式是否引起了顧客的注意，
是否給顧客足夠的動機去進行進一步的產品資訊搜索。否
則，再多的廣告投放也會被顧客有意遮罩。

二次開發企業專屬的顧客行為地圖

　　真實的市場競爭是圍繞顧客行為的實際發生而開展
的。所以，顧客行動才是企業獲得收入與增長的最直接因
素。企業需要根據顧客行為原理，梳理目標顧客的行為地
圖，以此來指導和檢驗企業市場活動是否具有足夠的針對
性，是否能全面覆蓋和推動顧客行為的各個階段。

　　在數位時代，顧客的行為和心理都在發生著深刻的變
化。因此，企業進行數位化轉型的本質目的就是應對「顧
客在數位時代的行為變化」。顧客在數位時代的行為不能
簡單地等同於「顧客在數位化平臺和媒體上的行為」，更

包括「顧客在虛擬和現實空間高度融合的時代，所表現出
的新消費行為與心理變化」：

- **數位化技術賦能帶來的新顧客行為**。比如基於搜尋
  引擎的關鍵字搜索行為、電商平臺上的比價和加入
  購物車的行為，以及通過直播方式進行隨機購買的
  行為。根據Google在2012年發佈的資料，全球範圍
  內每月搜尋量超越1000億次。而當前在中國的每個
  平臺級的互聯網平臺，如天貓、微信，都標配了搜
  索功能。這些行為在數位化工具出現前，是無法實
  現的。

- **數位時代帶來的消費價值觀與購買決策標準演變**。
  比如90後的世代的顧客渴望通過在產品購買和使用
  的過程被賦予「意義感」，如何更加追尋「內心的
  平靜與安詳」。他們需要屬於自己世代的「新品
  牌」，而不再盲目追求「傳統大牌」。在全球消費
  品市場，小眾品牌和新品牌的攫取也充分說明了數
  位時代顧客新的價值觀和決策標準的變化。但隨著
  中國市場歷史性進入「供給過剩」和「需求更新」

的階段，原先那些簡單粗暴的顧客行為管理活動就無法支撐企業在新時期的成功。不掌握顧客行為原理的企業，會發現市場策略實施的效果和效率都大打折扣。再加上顧客的注意力被數位化媒體分散到「粉塵化」傳統市場思維導向的企業感覺到在數位時代的實現市場策略的難度與日俱增。而與之相形成鮮明反差的是，部分企業卻把握了數位時代的顧客行為管理之道，突圍而出。這些新品牌，產品好用、企業好評、故事好聽，成為被顧客傳播和推崇的「心流」品牌：

1. 美國科創企業特斯拉自創立以來，不止在產品層面實現了突破，更是自帶強烈的「故事性」和品牌光環，這讓那些即使不購買特斯拉產品的社會大眾也「心嚮往之」。在顧客心智層面，特斯拉以及創始人馬斯克的傳奇經歷，成功塑造了「人類科技探索先驅」的品牌形象，。而形成價值觀共鳴的顧客也通過產品的購買和駕駛，向周邊人群委婉地表達了個人價值

觀，獲得了個人心理滿足感。而這種與目標顧客的內心價值觀共鳴，促使顧客有動機和動力利用自身的社交網路進行自創內容的二次傳播。這些社交互動行為，既強化了特斯拉與顧客之間的關係，也為特斯拉節省了大量市場傳播費用。

2. 無印良品則在全球範圍內契合顧客「內向-簡化-寧靜與放鬆」的行為動機，並將這種動機通過產品設計、店鋪裝修及各種顧客溝通方式來一致地實現。無印良品希望為顧客提供了一種能撫慰現代都市緊張情緒的極簡生活方式。這種生活方式體現在極具識別性的產品設計，以衍生出豐富的家居用品產品線。本質而言，無印良品商業成功的底層原因是對顧客消費心理的成功把握，並成為時代性的審美和社會價值風潮旗幟。

要使顧客行為管理在實踐中真正發揮作用，企業需要根據自身的產品和行業情況進行顧客行為地圖的個性化二

圖5- 4 阿里巴巴消費者行為模型

行銷的改變

行銷環境 被動 — 主動　　廣告體驗 迫使 — 自然
數據基礎 分散 — 全面　　投放模式 片段 — 全場
購買路徑 單一 — 靈活

次開發。在經典的顧客行為歷程和心路歷程的基礎上，企業可以根據自身的業務特點，所處發展階段，更加針對性地開發適用於自身行業的顧客行為地圖。

　　比如阿里巴巴基於顧客在電商平臺的特色行為二次開發出G-ALIBA行為模型，如圖5-4所示，該模型分為5個組成部分，看寶（Attention）、挑寶（Like）、查寶（Investigation）、買寶（Buying）和享寶（Amplify）。這五個部分任意一點之間可以相互跳轉，充分體現了數位時代顧客行為在全域觸點間的「行為折疊」。而根據英文釋義，看寶的核心動作是引起顧客的注意（Attention），這與經典顧客行為歷程中的「注意」相對應。在電商平臺上，要求企業通過店鋪裝修、文案設計和關鍵廣告位置的投放去吸引顧客的注意力，而挑寶環節則強調喜歡（Like），對應的顧客動作是加收藏或加購物車，這個行為表達了顧客對產品的喜愛的態度傾向；查寶對應了顧客的資訊搜索和比較，更具體的動作是看顧客點評和評價，這就提示企業要鼓勵和正面管理顧客點評和後續的「買家秀」分享。從本質到形式，從結果到原因，企業需要不止關注外部可見的顧客行為，更要關注對顧客內部心路歷程的洞察、理解

和激發。通過內部心路歷程去推動外部行為歷程的發生。

　　而根據企業所處的發展階段不同，企業也需要開發出個性化的企業顧客行為地圖。比如一個成名已久，面臨老化的產品品牌，它在顧客認知階段，就需要針對性地提出「喚醒」作為顧客認知下的工作要點和動作關鍵。「喚醒」這一動作既可以是「記憶喚醒」，提示企業需要對喚醒老顧客對品牌價值的記憶，活化老顧客；也可以是針對潛在新顧客的「需求喚醒」。企業面臨顧客行為線上上與線下之間的跳轉，就需要特別促進顧客的「進店」行為，以及進店後的「瀏覽」「進店」行為意味著流量，線下網點就是客流量，線上上網店就是獨立瀏覽量，以及品牌搜索量。而之後，企業就獲得了與顧客進行直接互動的機會，通過線下陳列與導購人員的轉化，交易即可達成；而線上網店則需要重視店鋪的「講故事」的能力，避免千篇一律的貨架陳列式的佈局，用品牌敘事的方式，吸引顧客願意花更多時間閱讀，而潛在顧客付出越多的時間，意味著更大的成交機會。

　　所以，從數位化技術和行為，到數位化的心理與價值觀洞察，開展完整的顧客行為管理就成為企業應對數位時

代挑戰的具體切入點。

圍繞顧客行為藍圖展開市場競爭策略

　　市場競爭實實在在地發生在顧客的「心智空間」與「貨架空間」中。而這兩個空間的競爭都是圍繞顧客具體和鮮活的認知和購買行為而展開。企業的「競爭」，不是抽象的概念。真正的競爭關鍵點是企業掌握了顧客的行為發生規律，順勢而為，乘勢而上。顧客確定需求解決方案的過程，就是企業品牌逐漸達成最終購買的過程。顧客不斷復購的過程就是企業實施顧客全生命週期管理的過程。顧客行為按照企業預期發生，真正標識著企業戰略的成功。

三個基本顧客行為問題破解市場增長的根本原因

　　很多企業在行業選擇方面並沒有失誤，為什麼仍舊無法獲得良好的增長？

　　如下頁圖5-5所示，企業需要協助顧客圓滿回答三個問題，以推動顧客購買行為的發生。這三個問題簡單又複雜，深刻又直白。

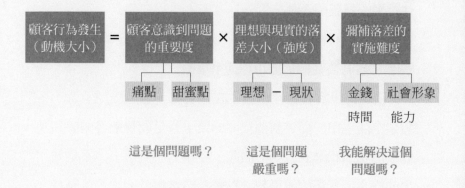

圖5- 5　三個關鍵顧客行為點

問題一：這個問題（需求）重要嗎？

　　讓顧客意識到需求的重要程度是行為發展的首要問題。在顧客自我認知中的需求重要度越高，顧客的內在滿足動機就越強。這就是為什麼「剛需」型需求，比「甜蜜」型需求更能引發顧客的需求，沒有足夠的動機，顧客後續的購買行為就無從發生。在市場行銷領域中，動機就是顧客在生理、心理以及社會關係層面的不滿足感，也就

是前文所提到的需要。有些問題是不得不解決的「剛需」，比如在中國家長眼中的孩子教育問題或是大陸90後年輕職場人群常態加班所致的養生保健需求，已成為年輕人群的「剛需」。

問題二：我面臨的問題嚴重嗎？

而這種解決問題的迫切感來源於顧客對自身「理想狀態」與「實際狀態」之間的差距大小，比如我們會看到一些專業資格培訓機構開始以這類標題引導顧客行為：「那些報讀某課程的同齡人已經年薪百萬，我的收入是否拉低了行業平均收入呢？」這就使顧客理解自己的某些能力的變現能力不夠好，是種「迫切需要解決的問題」。不過這還不能產生預期的顧客行為，它還欠缺了最後一個環節。

問題三：我能解決這個問題嗎？我真的很怕麻煩去研究如何解決問題！

顧客認為彌補巨大落差的方案實施難度越低，顧客行為發生的可能性就越大。很多企業抱怨顧客轉化率低，傳播效果差，其實背後的本質原因企業沒有降低顧客行為的

難度。如果企業提供的解決方案（包含產品）的整體使用成本太高，比如價格超出預期、學習和堅持難度太大。那客戶往往會合理化自身的行為現狀，而非改變現有品類和品牌選用習慣。這對企業的啟示是，要從顧客角度，極致降低使用成本和難度；另一方面，明確提示顧客的下一步行為，降低顧客決策難度。企業海報當中經常出現的「搜索框」，就是提示顧客在意識到需求後，能通過PC端或移動端的搜索工具，對品牌完成進一步的資訊收集和比較。否則，很多顧客會「閱後即忘」，不知道下一步要幹嘛，錯失了最後時限購買的「臨門一腳」。

　　二十世紀90年代初，美國的牛奶消費量連續10年下滑。當時的年輕人普遍認為，牛奶是小孩子喝的東西，作為「大人」而言，需要更能體現自我成長的飲料類型。因此，牛奶的市場占比不斷被軟飲料及瓶裝水所擠佔。作為美國最大的牛奶行業機構——加州牛奶加工委員會希望通過讓青少年意識到喝牛奶的好處來改變青少年的使用和購買行為。於是發起了主題為「Got Milk」的廣告運動，不惜血本地邀請了美國各界的明星代言牛奶（據稱：Got Milk推廣計畫在加州每年耗資2500萬美元，在美國國內每年

耗資1.8億美元），這些明星的嘴唇上都有一抹牛奶沫小鬍子（Milk Mustache），成為經典的標誌：從1993年至今，那撇牛奶鬍子長盛不衰，在近十年的時間裡讓所有的美國人為之尖叫。「Got Milk」廣告運動在加州提出兩年後推廣到全國，使得喝牛奶在青少年中漸漸成為時尚。「牛奶鬍子」的廣告運動有效地遏制了30年來牛奶銷售下降的趨勢，並成為一種流行文化。而企業如果想複製成功，就需要透過現象看本質，找到成功背後的底層原理。而加州牛奶協會市場活動成功的根本原因就是對顧客行為的深入洞察和把握：

- **意識到問題：**青少年將明星視為「理想形象」，模仿明星的行為，通過廣告使得青少年意識到明星喝牛奶，而自己沒有喝牛奶。理想原型與自身之間有了「差距」，不喝牛奶就成了個問題。像明星一樣喝牛奶就成為廣大青少年從現狀與理想邁進的重要手段。

- **呈現問題的強度：**海報文字提示到，牛奶中的蛋白質有助於增長肌肉，而研究表明，青少年飲用牛奶

會更加苗條和精幹。在青少年的內心深處，會將喝
牛奶歸結為明星更加成功和出色的重要原因。而不
喝牛奶的嚴重性就得到有效突出；

- **讓行為更加明確與可行：**而活動發起方更是深諳顧
客行為之道，在海報中明確提示青少年「一天喝三
杯低脂牛奶，讓你看起來更棒」，具體的數字讓受
眾後續的行為更加可清晰和可執行。至此，使美國
青少年養成喝牛奶的習慣就有了足夠強大的動機和
足夠清晰與簡單的行為提示，自然就可以預期後續
美國青少年行為的改變。

圖說顧客心智：顧客的認識概念地圖

　　視角和目的決定企業眼中的競爭和顧客眼中的競爭往
往呈現出不一樣的情景。根據顧客對不同品牌在功能、品
質、情感價值和社會標籤等方面的判斷，企業可以運用資
料分析模擬出顧客的品牌認知地圖（Perception Mapping）
。品牌認知地圖就是發生在顧客心智中的競爭地圖，它能
呈現出哪個競品在顧客的心智中與自身產品和品牌形象接
近，以及在顧客心智中又有哪些需求空白點和痛點。再

綜合考慮這些機會點的市場吸引力（如規模、增速與難度等），企業就有可能由內而外地發掘出未來企業發展的潛在「藍海空間」。

顧客認知地圖的重點是觀察顧客品牌與各個顧客判別標準之間的匹配程度。離品牌越近的屬性，意味著在顧客的心智中越能體現該品牌的特點。與行業競爭地圖不同的是認知地圖是一種探索式的洞察過程。通過顧客對品牌屬性描述與總結，還原出顧客的「內心世界」。顧客認知地圖充分和原汁原味地用顧客的話語去描述了市場競爭。這些讓人腦洞大開的比較和屬性關聯能給企業帶來巨大的啟發感。在數位時代，數位和資料化資訊的發達，使得企業可用更加充分的資訊去借助分析工具展示顧客的認知圖譜。如下頁圖5-6所示，我們以速食麵行業的品牌認知地圖為例顯示，品牌A歷史悠久，但感知品質不足，而配合較低的市場定價，顧客認為是物有所值的。產品比較適合小孩和全家食用。品牌B則被顧客認知為高感知品質和高定價的速食麵專家形象。而品牌C則缺乏突出和清晰的顧客認知。這張地圖也顯示出顧客認知當前中國速食麵市場都是以中式麵為原型。而在品類方面，就有了創新的認知

圖5- 6 速食泡麵的品牌形象認知圖

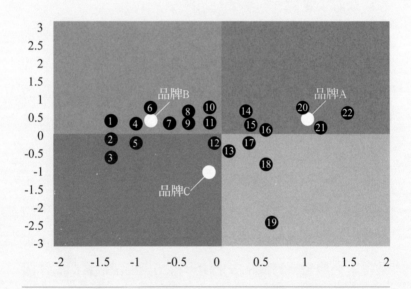

① 牌子高檔 ② 包裝美觀 ③ 不斷推出新產品 ④ 味道地道 ⑤ 營養好
⑥ 口感好 ⑦ 方便面專家 ⑧ 質量好 ⑨ 經驗豐富 ⑩ 適合自己
⑪ 牌子可靠 ⑫ 適合青年食 ⑬ 衛生 ⑭ 物有所值 ⑮ 適合小孩食
⑯ 任何時候 ⑰ 適合全家人食 ⑱ 方便購買 ⑲ 不再食用 ⑳ 歷史悠久
㉑ 質量差了 ㉒ 便宜

　　機會空間，如新創方便日式拉麵品牌，就跳出了傳統速食麵的框架，實現了品類創新。

　　另外，七喜（Pepsi）的市場競爭策略就是一個通過深入洞察顧客認知地圖發掘產品突破機會的案例。二十世紀60年代的美國飲料市場是可口可樂為代表的「可樂時代」，除可口可樂之外還有皇冠可樂等諸多品牌和口味的「可樂」，以至於顧客在餐廳點餐時提到「想點些飲料」時，可樂成為了飲料的代名詞。七喜作為檸檬口味的碳酸飲料應該探索何種競爭策略？為此七喜開展了一系列的顧客認知深度洞察活動，其中一位被訪者在訪談中明確地表達說：「要是喝可樂的時候有個別的飲料換換口味就好了。」如下頁圖5-7所示，這個洞察為七喜提供了當時顧客心智中關於飲料的認知方式：「飲料＝可樂＝可口可樂＋百事可樂＋皇冠可樂等等類似的碳酸飲料」。

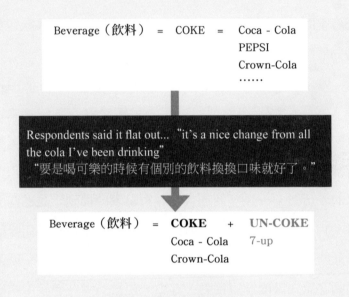

圖5- 7 飲料的顧客認知

基於顧客決策類型的市場戰略

　　整個顧客行為歷程也是一個決策過程。因此,深入瞭解顧客的購買決策特點能為企業提供更加豐富的策略視角。整體而言,顧客有三種典型的決策過程,分別是感性

圖5- 8　顧客對產品的決策類型

選擇（affective choice）、整體態度的選擇（attitude-based choice）和基於屬性的理性選擇（attribute-based choice）：

　　第一種類型是感性選擇。品牌並沒有被分解為明顯不同的部分或屬性加以分別評價，而是一般集中在使用時所引起的消費情感感受上。評價本身很大程度上或者完全取

決於其對產品或服務的即刻情感反應。基於感性選擇，實際上採用的是「我感覺它怎麼樣」的決策標準。消費者想像使用該產品或服務時的情景或者畫面，並且對使用該產品或服務將產生的個人主觀深層次感覺進行評價。

第二種類型是基於態度的選擇。基於態度的顧客決策選擇主要基於一般態度、總體印象、直覺和啟發線索等，在選擇時不用根據屬性對不同的品牌進行比較。對於較為複雜的產品，顧客傾向於通過身邊社群的整體傾向性意見來做出判斷。比如，電信商「中國移動」為推廣它的產品「神州行」而提出廣告口號「我相信群眾的選擇」，就是用整體態度去避免顧客進入到更加具體的服務套餐細節對比和分析之中，加快了顧客的整體購買決策進程。

第三種類型是基於屬性的選擇。通常顧客對高單價產品、高成本產品，如汽車、住宅，購買會進行更多的屬性比較和分析。而工業品行業的採購更加會基於產品的指標和性能進行專業分析，最終進行組織決策。基於屬性的選擇要求消費者在選擇時具備有關產品特定屬性的知識，並且在不同品牌間對其屬性進行比較。相比基於情感和態度做出選擇，顧客進行全域比較更加費時費力，但顧客有足

夠的動機和動力去花費更多的時間和精力去完成分析。最後，做出「令自己滿意的決定」。正如諾貝爾經濟學獎獲得者赫爾伯特西蒙提出的「有限理性」理論。他認為人類在決策時追求理性，但又不是最大限度地追求理性，他只要求有限理性。決策者在決策中追求「滿意」標準，而非最優標準。基於這種決策原理，企業需要協助顧客建立「決策標準」，並提供各種資訊和　明，便利顧客做出「令自己滿意的決策」。

　　基於顧客的決策類型，企業可以基於自身產品的特點，採用「逆向競爭」的策略，基於顧客的決策特點，反向操作，出奇制勝：

- **從具體產品賣點到整體情緒感受下手**。對於購買價格高、產品複雜度高和使用成本高的產品，顧客通常會投入更大的決策注意力去對產品的具體屬性進行評價。企業如何通過市場溝通手段（如視頻廣告、海報等方式），向顧客傳達使用複雜產品在使用時帶來的整體個人情感體驗，使得顧客的決策焦點從基於具體產品屬性的對比，提升至對產品整體使用

情感體驗的層面。對於顧客而言，基於整體形象信任會降低顧客的決策成本。顧客不用逐一比較和檢查每一項產品性能和品質。在現實中，顧客也只是基於「有限能力和時間」內做出「令自己滿意的決策」。某種意義上講，從整體情感體驗的角度對產品屬性層面的競爭是一種「降維打擊」。從顧客購買產品的動機看，顧客並不僅僅需要產品解決實用問題，更需要在個人情感和社會表達層面都獲得滿足。而為回應顧客全面的需求，企業也需要相應提供全面產品（total quality）。真正的個人情感的共鳴並不意味著一味「賣情懷」，而是將企業做產品的極致態度作為「共情線索」，讓顧客在獲得情感體驗滿足的基礎上，再自行演繹到產品功能和品質等屬性層面。小米創立之初提出的「只為發燒而生」、錘子手機提出的「漂亮的不像實力派」、「不為輸贏，只為認真」，都成功地運用了這個策略。

- **讓簡單的決策更複雜**。如果企業的產品複雜度較低，顧客決策時投入的決策精力較少，甚至在很多場合下是一種基於習慣的品牌購買，顧客並沒有動機和

動力進行任何競品比較。為改變顧客的決策行為，新品牌需要提供更多基於產品屬性的細節特徵，將顧客從習慣的整體決策中改變出來，讓簡單的決策「複雜」起來。這些產品屬性需要至少是對產品實用價值或者滿足顧客痛點有顯著提升的作用。否則正如前文所言，這些新屬性如果不足夠顯著的話，將無法吸引顧客的足夠重視，更無法說服顧客重新啟動解決需求「問題」的行為。

比如說，一部中國大陸「瓶裝水市場」的競爭歷程史，就是各競爭企業善用顧客決策特點進行差異化競爭的經典案例集。

1989年，「怡寶」在國內推出第一瓶純淨水，標誌中國瓶裝飲用水市場的正式啟動。純淨水剛開始盛行時，市場上存在著眾多純淨水品牌，同質化現象嚴重。如何在競爭中脫穎而出，不同企業基於顧客決策特點採用了不同策略，而這些不同策略都獲得成功。

另家公司「娃哈哈」則採用偶像王力宏加動感音樂的情感策略，憑藉愉快的情感體驗，將顧客的瓶裝純淨水採

購過程簡化為「品牌習慣型」購買。再配合娃哈哈強悍的線下通路覆蓋和滲透能力，使品牌成功脫穎而出。

面對娃哈哈的策略，「樂百氏」經過分析發現，當時市場上所有純淨水品牌的廣告都說自己的純淨水非常純淨，而消費者卻不知道哪個品牌的水是真的純淨，或者更純淨。顧客缺乏更加具體的購買決策依據。因此，1997年，樂百氏在市場率先推出了「27層淨化」的概念，將瓶裝水的決策類型「複雜」了起來。原來消費者只需要認準「娃哈哈」或「王力宏」就可以決策購買，而樂百氏提出的27層淨化的工藝特徵，讓顧客意識到之前忽略純淨水的淨化工藝是一個「問題」，重新啟動了購買瓶裝水時的決策流程。雖然27層淨化工藝並非不可模仿的工藝，但樂百氏率先給消費者建立了「更純淨，工藝明確可以信賴」的印象。樂百氏基於顧客決策特點反向操作，產品的市場佔有率當年即躍居全國同類產品第二位。

這個市場競爭的精彩較量還未完。2000年，「農夫山泉」崛起，通過「天然水」與「純淨水」的對比測試，引起廣大純淨水生產企業的反彈，而大規模的媒體爭論，機構和專家討論，成功使顧客意識到「純淨」並不是飲用水

的唯一標準，天然水中含有的礦物質讓人體更加健康。顧客一旦意識到「問題」的存在，就再次改變了決策和購買行為，農夫山泉一躍成為中國瓶裝水行業的領先企業。

市場競爭從資源戰到運動戰

數位時代之前，企業之間的市場競爭模式可以概括為「資源戰」。受制於傳統時代的媒體和零售通路類型與能力的限制，品牌方進行市場競爭的場景是類似和重疊的。企業的一切市場打法都是以付出企業資源，以搶佔稀缺傳播和銷售通路資源為根本成功邏輯的。

傳統時代的傳播通路類型和數量都有限和明確，傳播通路具有極大的稀缺性、不可複製性和時效性。電視、戶外廣告和紙媒為代表的傳統傳播通路成為那個時代所有企業搶奪的目標，哪家企業有魄力投放更大的資源獲得某個時段的傳播權，那它同品類的競爭對手，就無法在同樣時間獲得曝光。而核心媒體的廣告曝光就意味著後續隨之而來的經銷商和終端的顧客影響力。這個邏輯在零售通路和

終端市場也同樣適用，在流量為王之前，是通路為王的時代。因為，零售通路，特別是後來的大型連鎖超商通路，能持續吸引大量客流，進入通路就意味著獲得流量的主航道，甚至是壟斷了該通路同品類的客流再輔之以及格的顧客轉化率，企業就確定能實現銷售轉化。但這種進入是以大量的資源投入為代價的，甚至後來核心通路利用對客流的控制對品牌方造成了巨大的議價優勢。而僅憑對終端銷售通路資源的控制和管理，如深度分銷，過去很多中國大陸消費品企業就因此獲得時代性的成功。中國最大的食品與飲料生產企業「娃哈哈」在二十世紀90年代建立的產銷聯合體，對經銷通路和銷售終端形成了巨大的覆蓋和滲透能力，這就形成了「讓人買得到」的巨大實地優勢。但無論擅長傳播通路資源的「天派」，還是擅長線下銷售通路資源運作的「地派」，經營的重點都是商家需依附於其它實體，利用他人的資源和能力獲得成功。

數位化讓運動戰成為可能和潮流

經典的消費者行為理論在數位時代有機會煥發更大的作用。在傳統時代，企業缺乏必要的手段去更加細緻和

全面地管理顧客行為的每一個步驟。由於「知道」和「買到」的場景分離，顧客在電視上看到企業的廣告後，要等到他進入購買終端才能體現出廣告的效果，但伴隨這個著顧客的記憶衰減，傳播的效果會大打折扣，而企業缺乏有效的手段在這個過程中去分階段推動和強化顧客的記憶。這只能要求企業持續一定的投放時段，多次重複，以形成和鞏固記憶。但事實很無奈，即使企業投放了海量的廣告，很多顧客在購買終端仍無法準確回憶起品牌的優勢和價值，最多形成「模糊熟悉感」。而數位手段的發展，使得顧客行為隨時隨地的線上化，使得企業可以通過數位化的技術工具，以及類型豐富的社交和電商平臺，甚至在客戶評論區與客戶互動，並觀察和記錄顧客在各個購買行為階段的狀況，及時地採取手段去改進和完善。在數位時代，原先集中和明確的競爭場景高度分散了，顧客行為線上上與線下觸點之間跳轉，點點留痕，這給了品牌眾多發力的場景和機會，而善於化整為零，切入顧客行為鏈路的企業，將獲得數位時代的新增長機會。「數位化+顧客行為」，需要企業在內容、數位化觸點佈局方面做足準備。這已成為判斷企業是否真正適應數位時代市場競爭的基本

要求：

- **鼓勵分享的客戶增長策略：**顧客使用後的心得分享行為一直存在，在傳統時代，受制於傳播工具的限制，無論是滿意還是不滿意的顧客體驗都無法在短時間內大規模影響週邊顧客。而數位通信和社交工具的發達，讓企業進入到「人人時代」，透過各種便利和激勵去鼓勵滿意的顧客進行社交圈分享可以快速擴大產品和品牌的資訊傳播範圍、實現低成本獲客。

- **配合行為發展的內容策略：**數位時代是資訊爆發的時代，顧客對於服務自身購買行為的有價值資訊有著更大的需求。企業需要從逐步推動顧客行為發生的角度考慮內容策略，以及對不同接觸點內容目的的設置，如強化顧客需求意識、對顧客網路搜索行為下的專有內容規劃和設計，對於顧客購買通路的明確提示等。特別是配合數位時代顧客在數位平臺和社交媒體之間的跳轉動作，企業需要在內容設計時明確顧客下一步的動作，提高下一步動作的發生

率。許多的內容分享平臺的崛起為顧客參與提供了優質平臺，關鍵客戶（KOC）和意見領袖（KOL）在內容平臺的大量創作和分享，成為很多新消費品牌異軍崛起的關鍵。從圖文內容，動圖再到短視頻和直播，顧客偏好的內容形式在進行著時代的演變。

- **多點跳轉的顧客行為通路策略：** 傳統時代，受制於數位技術手段，顧客行為在不同階段的轉化有著很強的時間和空間跳轉要求。而數位時代，移動端、PC端、數位電視和智慧穿戴產品，線上「電商」和線下的「店商」都成為顧客行為跳轉的節點，這為企業進行顧客行為歷程管理提出了極大的挑戰，企業需要讓顧客可以在最少點擊和麻煩的情況下在各個觸點之間進行跳轉，避免「鏈路不連」，這成為企業傳播、銷售和通路管理部門共同努力的要求。企業必須引入顧客體驗官和小範圍測試，讓顧客行為隨意發生，從而檢查企業的產品設計或傳播策略是解決了顧客的問題，還是給顧客增添了額外的麻煩。正如那本網站介面設計名著的書名《不要讓我想》──企業要提高網頁的可用性，降低使用

者的使用難度和學習難度。

建立顧客行為友好的公司組織和流程體系

　　1962年，美國戰略管理學家錢德勒出版了經典名著《戰略與結構：美國工商企業成長的若干篇章》（Strategy and Structure: Chapters in the History of the American Industrial Enterprise），在書中他提出了著名的錢德勒命題：結構跟隨戰略，即企業的組織變化要適應公司戰略發展的要求。二十世紀90年代美國管理學家漢默（Michael Hammer）和錢辟（Jame Champy）提出了流程再造的思想，而流程再造的核心是面向顧客滿意度的業務流程，核心思想是要打破企業按職能設置部門的管理方式，重新設計企業管理過程，從整體上確認企業的作業流程，追求全域最優，而不是個別最優。這些經典的管理思想在數位時代同樣具有適用性，而關鍵是企業需要明確以什麼原則來構建組織體系，貫通企業的業務流程。本書建議企業家用微觀的顧客行為去指導企業的組織架構和流程再造，成為真正的顧客行為驅動的企業。

設立「客戶長」與顧客融為一體

　　一切以顧客為中心已經是依據當前任何企業都不會質疑的常識。但企業的組織架構卻透露出不同的訊息。企業有執行長（CEO）、財務長（CFO）、人資長（CHO）、首席增長官（Chief Growth Officer），但大多數企業確普遍缺少一個能將「顧客行為」帶入到企業最高決策層的職位，比如首席客戶官。如阿里就設立了「首席顧客體驗官」，並要求高階主管定期到一線接聽顧客投訴電話，就是要圍繞顧客的行為歷程和心聲來開展管理和決策。客戶長，或者顧客首席體驗官就是代表顧客來預先體驗和判斷企業各項工作的顧客價值度和友好性，是顧客派在企業內部的「臥底」。而在數位時代更成功的做法是企業打破與顧客之間的邊界，讓顧客融合很多的之前所謂的「企業內部流程」，比如研發、傳播、公關甚至售後服務。這樣的過程就天然把顧客行為的服務和實現放在了企業工作的首要位置。

依據顧客行為進行組織架構和內部流程再造

　　本章最後要提醒高階管理者，不要以內部管理的便利

和效率，而影響顧客行為的整體體驗和便利。影響顧客行為的環節眾多，這對應到企業內部就會至少涉及到產品規劃、傳播、品牌與公關、客戶服務、銷售和經銷商管理等職能，再加上數位行銷的發展，更加會涉及到幕後的數據資料與技術支援部門。因為部門眾多，這些部門又會分別向不同的高階主管彙報。要是這些高階主管之間缺乏一致的顧客行為地圖指引，企業的工作就會出現顧客行為銜接不暢的嚴重問題。而另一方面，也會造成企業在不同環節進行重複投入，造成不必要的資源浪費。所以，企業的最高決策層需要用顧客行為鏈路來串聯與統合各分散職能，無論在企業內部如何分配職能和協同工作，最終是要讓顧客永遠感到與企業的交流過程有用、友善和有共鳴。

CHAPTER

6

從細分出發的
市場戰略

如果你假設所有的客戶都是一樣的，
說明你還沒有進入市場行銷。

　　與大多數涉及戰略定位的書籍不同，本章節將借助「細分」來協助企業真正形成符合邏輯和實戰要求的定位。為廣大企業家提供一個更深入本質的市場競爭策略。因為，在超競爭環境下，一切顯而易見的增長機會將不復存在，靠收穫「低垂的果實」就獲得成功的時代也一去不歸。謀定而後動，企業在未來的競爭中更加需要打磨以「細分」為代表的需求洞察和競爭分析能力，不懈完善自身獨特的「認知力」，才能在市場競爭中不斷成為「時代的企業」。

沒有市場細分的公司戰略
缺乏外部有效性

　　有句諺語說，種瓜得瓜，種豆得豆。企業家對整體市場和微觀顧客需求有怎樣的獨特理解和思考，就會有怎樣的細分結果。本書認為對「市場定位」管理的核心架構就是建立企業對顧客需求和競爭對手的個性化理解架構。它要「一邊認知，一邊建立」。本質而言，企業家都是一邊建立企業對市場的理解，一邊通過自身的業務活動去實現自我理解中的市場。而這也正是商業世界的精彩之處。在相同的產品領域，由於顧客需求的多樣化和多變化，不同企業家基於不同的底層商業假設和決策風格，在同一個行業或市場上都可以獲得至少階段性的成功。就如手機商蘋果、三星、華為、小米，都憑藉自身對移動互聯時代個人通信需求的差異化理解，奉獻了風格各異的產品，並且在銷量上都收穫了巨大的成功。

　　哈佛大學教授德瑞克・阿貝爾（Derek F. Abell）在《定義企業：戰略規劃的起點》（Defining the Business: The Starting Point of Strategic Planning）一書中曾更明確建議從

三個面向去回答公司戰略，而這三個問題都需要企業家去細緻的剖析顧客群體的構成，先選擇對企業更有價值吸引力的顧客群體，再細緻確定要用何種手段去滿足該目標群體。

- 你的目標顧客是誰？
- 滿足他們的什麼需求？
- 如何去滿足顧客的這些需求？

而這個過程就是現代市場行銷管理體系的經典邏輯基石，它可以總結為STP：細分／Segmentation、選擇目標／Target，顧客價值定位／Position。這是逐漸由宏觀到微觀層面的市場戰略決策過程。

細分則體現了企業家對顧客需求和市場競爭的最基本假設和看法；取捨塑造了企業的現狀，決定了企業的未來，體現了企業家的風險偏好。戰略細分是企業家從顧客需求和競爭者策略的細緻分析出發，形成企業對於顧客需求和市場競爭方式的獨到理解和理念。基於企業對這些基本的認識面向和分析角度，在諸多理論可行的方案中進行

令企業滿意的個性化取捨，也就是做出和形成了「市場戰略定位」。

　　智慧的戰略取捨不是靈光一閃的直覺，而是一系列全面細緻思考與分析後的豁然開朗。從市場導向的公司戰略的角度，真正的市場競爭優勢是企業比競爭對手更好地（更充分或更差異化）洞察與滿足顧客未被重視與滿足的需求。所以，那些真正有用且能用的戰略，是要相容顧客與競爭的好戰略。休閒服飾品牌Lululemon創辦人威爾森（Chip Wilson）熱愛瑜伽運動，但當他親身深入進這項運動的時候意識到瑜伽服還停留在棉滌綸混紡織物階段。這種材質做成的運動服既不貼身又不吸汗。而女款瑜伽服更是直接將男性尺寸改小，再配上女性化的顏色，舒適性極低。女性並不想穿不合體的運動服鍛煉，但無奈缺乏選擇。更進一步，Lululemon洞察到滿足瑜伽服的舒適和功能之後，女性顧客更希望將「功能＋時尚」結合起來。基於這樣的細緻洞察和思考面向，威爾森將lululemon品牌定位為「功能性時尚潮牌」，比Under Armour更時尚，比Nike「泛健身」定位更有聚焦運動項目、設計更加時尚，價格比其他運動品牌的同類產品更高。在2019年財年，lu-

lulemon全球營收為40億美元，同比增長21％，同店銷售額同比增長9％；淨利潤為6.46億美元，同比增長33％。

　　相比之下，很多企業的公司戰略經常淪為年度增長目標的數位拆解工作，這項工作被很細緻地拆解到各產品線或銷售區域。但因為沒有找到顧客細分需求滿足的切入，一切的增長數字都只是個願景，企業上下對這個數字具有無比熱情，能確沒有足夠的信心；又或者成為企業對顧客需求的「自說自話」，沒有考慮競爭對手在這個顧客需求點上的能力，一廂情願地進入到強大競爭對手的火力範圍。

戰略細分＝顧客細分＋競爭對手細分

　　戰略細分的前提是確定細分的物件和任務。日本戰略管理大師大前研一將公司戰略定義為「公司利用自身的相對競爭優勢，比競爭對手更好地滿足顧客」。這種市場導向的戰略定義與菲利普・科特勒的《行銷管理》（Marketing　Management）一書中關於行銷的定義高度一致。《行銷管理》將行銷簡潔地定義為「通過滿足別人（客戶或交易對象）而獲益」。這二者都體現出將顧客確定為制定公司戰略的源點。在商業實踐中，無法清晰和恰當定義顧客

需求、忽視競爭對手的戰略大都是平庸的戰略，最後成為公司高層的「戰略自嗨」。在市場精神的指引下，顧客、競爭對手和公司自身是「市場三要素」。在這個概念模型的基礎上，本書強烈建議企業家針對顧客和競爭對手進行戰略性細分，以回答公司戰略成功實施所無法回避的兩個最底層的問題（見下頁圖6-1）：

- 關於公司增長的來源：誰是你的目標顧客？誰是你的「藍海型顧客」？你的「非顧客」有沒有潛力可挖？
- 關於公司增長的競爭：你有幾類競爭對手？你與競爭對手之間如何　「競合」互動？你如何能比競爭對手更差異或更好地滿足和保有顧客？

顧客細分：
尋找「適合你的顧客」與「你需要去適合的顧客」

細分顧客是企業盈利的必由之路。美國俄勒岡大的貝斯特（Roger J. Best）教授在《市場導向的管理：增長顧客價值和營利性的戰略》（Market-Based Management: Strategies for Growing Customer）一書中，將聚焦顧客作為公司

圖6- 1 戰略細分＝客戶細分＋競爭對手細分

戰略規劃＝客戶價值定義＋競爭對手選擇

1. 關於公司增長的來源：
   - 誰是你的目標顧客？
   - 你計劃滿足他們怎樣的需求，使他們成為你的顧客？

2. 關於公司增長的競爭：
   - 你選擇誰成為你的競爭對手？
   - 它們分別採用怎樣的競爭策略？

圖6- 2 最佳顧客與最佳產品

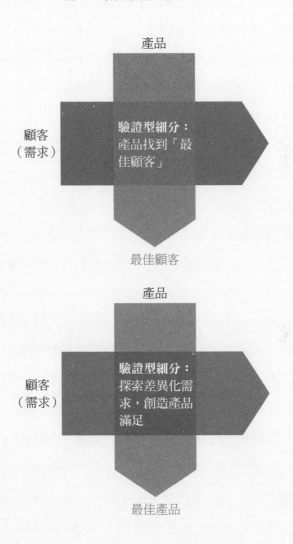

管理的核心。他提出：缺乏顧客導向的企業意味著企業會忽略顧客價值滿足的重要性，這意味著企業戰略重心的偏移，後續必然會直接影響企業的財務表現。而顧客細分的本質目的就是協助企業完成兩項最基礎的「顧客-需求-產品」匹配工作：

如上頁圖6-2所示，在實踐中，客戶細分根據細分的目的可以分為兩種實用情景，即：驗證型市場細分與探索型市場細分。

驗證性細分：即「為貨找人」。企業需要在現有客戶中細分出「現有優質顧客」，也就是對企業而言的忠誠大客戶，並按照這些最優顧客的識別特徵如年齡、性別、職業、媒體接觸和購買通路等等去覆蓋其他具備相似特徵的潛在最佳顧客。很多企業缺乏對現有忠實顧客群體特徵的全面與深入分析和總結。有時，實際的客戶特徵與企業的預期客戶群體會產生很大的差異。豐田公司曾經在美國推出一款針對大學生的小型轎車，但在車型推出後，豐田確發現實際購買群體是很多四十多歲的中年人，他們通過購車來懷念年輕時在大學的美好時光；B2B類企業則更要基於購買量和購買行為去發掘大客戶和老客戶，找到那些

產品購買量大的老客戶，然後去識別這些「大型老客戶」的識別標籤，比如行業特徵、企業規模、採購與使用方式等。當然，更重要的是找出為企業貢獻最大利潤的客戶，很多情況下，利潤貢獻客戶與收入貢獻顧客並不是同一個群體。

「為貨找人」也是讓產品在更大顧客範圍內複製成功：最大化現有產品的成功，按照現有忠誠客戶的特徵去擴大客戶規模。

我們可以從現有產品的現存顧客群體出發，以購買意願和購買行為面向進行細分，找到「誰最喜歡購買你的產品」。然後，再通過擴大地理市場範圍，盡可能大地複製產品的成功。很多企業忽視了對現有顧客的全面和細分總結，以至於忽略了邁向更大增長群體的重要線索。而很多成功的企業就是能按圖索驥，再配合將已有客戶市場做深與做透的意識和執行力，在中國市場獲得了里程碑式的成功。比如在傳統通路時代，中國飲用水廠商娃哈哈採取的產銷聯合體，通路管理領域推崇的深度分銷等策略，背後的目的就是協助企業最大程度解決覆蓋目標顧客，最大限度地提高市場滲透程度，讓盡可能多喜歡產品的顧客都

能買到產品；而在移動互聯時代，OPPO與vivo在中國大陸市場的成功就是通過對三線及以下市場的滲透和覆蓋，在更大地理區域範圍內複製相同顧客的成功。而在數位時代，運用大資料技術，企業通過人群擴散（lookalike）的方式，可以在更大的客戶池內尋找具有相似特徵的潛在顧客，並進行精準觸達。充分覆蓋和複製原有產品的成功，是企業經常忽略的重要經營策略，它考驗企業的戰略定力和經營深度，是企業進入新產品-新市場的必備基礎。而這種細分策略也是聚焦戰略的體現，聚焦產品的優勢客群，聚焦企業資源和能力，做透這塊細分市場。

探索型細分：即「為人找貨」。探索性細分是在某一產品大類的背景下，探索和挖掘不同類型顧客針對某一產品品類的差異化需求，然後將差異化的顧客需求通過產品的差異化特徵來針對性滿足。這一類細分具有更大的不確定性和機會性，特別是如何界定產品大類具有非常大的創造性和個性化判斷。探索型細分最大的挑戰在於探索細分的面向，它不止包含產品的各項功能和價值特徵，還包含顧客的產品使用場景，拘泥於產品會限制今後對顧客新需求的發掘，比如娃哈哈推出營養快線的過程，就是典型的

對顧客需求進行探索型細分的案例，從乳飲料的使用場景出發進行細緻分析，發現在不同場景下的新需求，比如從早餐市場的佐餐飲品，升級為「完整的早餐」，通過添加果汁和膳食纖維，通過喝的方式來解決整頓早餐的問題，提出了「早上來一瓶，精神一上午」的產品定位。

　　「為人找貨」也是細緻發掘最優價值的顧客，並細緻發掘其未被滿足需求。

　　其實，對企業而言，市場規模的增加不止是簡單的人均購買量增加，它的增加動力還有需求細分品種的增加和品質的提升，而伴隨著這一過程，還涉及產品整體銷售價格的提升。以中國大陸當下和未來的市場發展中，市場增長的重要內涵即是需求升級。當前企業家需要警醒的是不要重蹈二十世紀90年代「名牌戰略」的覆轍，押注於海量廣告投放，甚至是只升級產品包裝和提升價格。因為，今天的中國社會早已處於「豐裕社會」，顧客早已經處於「超選擇」狀態，沒有真實的顧客價值創新，無法幫助企業實現可持續的增長。這就要求對顧客需求的變化進行細緻分析，發掘未被發掘和滿足的顧客需求場景，為企業找到產品創新的機會點。

　　在美國汽車市場發展初期，美國汽車市場基於顧客需求細分，主體顧客群體是解決基本需求的大規模細分市場，即「第一輛車」細分市場。當時也存在以手工製造汽車的豪華汽車細分市場，如勞斯萊斯等，但因為成本高、售價高的策略，只能形成狹小的市場規模。而福特認為大眾不是沒有購買汽車解決個人出行的需要，而是因為價格太高造成了無法形成的大規模的市場需求。當時這個人群規模巨大的細分市場對價格敏感，更注重汽車帶來的基本交通功能，而已有的手工製作汽車雖然能滿足交通需求，但因為價格問題，無法形成有效的需求。

　　1908年，福特汽車推出T車型，憑藉其低廉的定價，受到了廣大美國家庭的歡迎。隨後亨利‧福特（Henry Ford）又通過流水線生產方式的引進，使T車型的產能大幅提升。通過流水線生產的規模效應，極大降低了T車型的成本。福特公司最終以290美元價格，將T車型成功地打造成當時美國的暢銷車型之王。發展至1921年，福特汽車公司的產量達到了全美市場占比的60％，開創了「大眾汽車市場」。用福特自己的話說，「讓生產汽車的工人也能買得起」。據統計，T車型的累積銷量達到了1500萬台。

這個記錄一直到1972年2月17日才被來自德國福斯的全球化「大眾車」——金龜車所打破。

隨著美國經濟的發展，美國社會階層分化，中產階級迅速崛起，並成長為重要的購買群體，越來越多美國消費者開始考慮「第二台車」的需求。這就意味著當時美國汽車市場的增長內涵發生了重大變化，市場的增長不止是那些從未購買過汽車的美國顧客購買更多的T型車，而是在滿足基本的交通需求後，具有支付能力的消費者願意通過支付更高的價格去購買第二台汽車，去滿足其更加個人化的出行需求。這也是我們通常所說的「改善型需求」。福特汽車忽視了這個需求變化的趨勢和改變的力度，而是堅持生產T型車。這個戰略選擇的背後是認為基礎汽車需求市場的規模仍舊足夠大到支援福特的增長，畢竟福特汽車巔峰時曾經佔據了60％的市場占比，福特基於過去的判斷有理由認為它過去擁有的市場就是「主流市場」。通用汽車時任總裁艾弗雷德・史隆（Alfred Pritchard Sloan）洞察到了市場需求多樣化的趨勢，提出了市場細分戰略，用多品牌戰略去滿足不同的客戶群體。鼎盛時，通用汽車用多品牌戰略覆蓋了幾乎所有的潛在購車者。到1936年的時

候，通用汽車的市場占比在美國占到了43％左右，而福特汽車則由鼎盛時期的60％下降至22％。在1926年，福特迫於競爭對手和市場需求的壓力，也開始推出新的車型。

以上福特與通用汽車在二十世紀30年代市場競爭的經典案例閃爍著市場戰略的智慧，讓市場智慧成就企業，由於顧客需求的創新洞察需要企業「think out of the box」（跳出思維定勢）。企業除了要關注部分現實購買群體外，也要關注部分非顧客，即並沒有進行購買的顧客群體。因為這部分顧客背後的原因值得企業去深思，而對於非顧客的轉化往往會給企業帶來藍海市場和差異化的戰略突破。我們建議企業需要從以下方面進行創新型顧客的需求細分：

（1）**未被滿足的顧客**——有需要，但因為目前市場上的產品無法滿足其需求而沒有購買。這類細分顧客對企業有著另類的重大價值，一方面可以為企業找到未被滿足的顧客需求，而一旦企業通過產品和內部活動的創新可以滿足到，就會帶來現成的細分顧客市場。以中國智慧手機市場為例，ZDC使用者調查結果顯示，在中國IT線民中，2011年打算購買智慧手機的比例高達96.5％。但是當

時的市場老大是三星和蘋果，二者均採取高價策略，限制了龐大需求的釋放。隨後，小米、OPPO、vivo等在內的中國手機品牌都採取了低價策略，來滿足那些對智能手機有需求，但一直苦於蘋果和三星價格太高所以沒有行動的顧客群體。市場調研機構Canalys2019年中國手機市場報告顯示，排名第一的是華為（38.5％），緊隨其後的則是OPPO（17.8％）、vivo（17.0％）、小米（10.5％），蘋果僅占7.5％，三星則徹底被擠出前五名）

　　（2）有需要，但不知道或不確定自己有需求的顧客。 比如新產品上市後，大多數潛在購買者並不瞭解新產品的存在，也並不瞭解自身的需求可以被新產品所滿足。在這種情況下，企業需要儘快讓顧客認識和認同自身需求的「不滿足」狀態，很多基於顧客的情緒和問題的傳播方式就是要解決這個問題。通過廣泛的市場傳播和提示，普及顧客認知普及工作，必要的市場溝通和產品試用會發揮巨大作用。1996年寶僑家品將玉蘭油引入中國市場，推出了1000萬份試用裝和強勢的廣告，聘請了那時尚未成名的藝人章子怡作為廣告主角，並在中國首創了玉蘭油品牌專櫃讓消費者近距離接觸和體驗產品，更重要的是通過給消費

者試用後，降低了消費者的決策風險，告訴自己需要這種新產品。

在時間的流轉中洞察顧客需求的演變

你不會總是年輕，但總有人正當青年時。大多數企業的發展是伴隨著一代人的成長而崛起的，而是在某一時間階段獲得某一特定人群的歡迎而崛起，但隨著這個原先的目標人群的人生階段推進，很多企業並沒有意識到自己會失去增長的基礎。所以，很多原先成功的企業會面臨「品牌老化」或者「客群老化」的問題。這就需要企業要會從時間進程的面向看待顧客的需求，以及用時間的面向去定義自身的目標顧客。

需求的時間特徵是指顧客從某項需求產生到消失所經歷的整體過程。不同的產品需求性質分為兩種需求週期產品——階段型與終生型產品：

階段性產品：一個人在生成長和發展特定生命階段的特色性需求，這類需求只在生命階段的某一時段出現，一

旦度過這個階段，需求會隨之消失。比如奶粉的重度需求從孩子出生到三歲，在中青年時期幾乎不需要奶粉。而進入晚年會出現對老年功能性奶粉的需求，如補鈣和特殊保健用途；很多國家的法律規定，酒精飲品只在成年階段（18歲之後）才可以購買和消費；從事階段性產品需求的企業需要為每一批次進入需求階段的新合格顧客而服務。這就要求企業考慮如何與每一個時代的特定年齡群體客戶進行有效的溝通。品牌年輕化成為每個時代的必修功課。畢竟每一代人都希望找到專屬於自己世代的品牌，而不是購買「上一代的選擇」。

終生性產品：需求週期足夠長，同一批顧客在生命週期的每個階段都有類似的需要，但每個階段的需求特點有所差異。比如服裝需求，從出生開始，服裝需求貫穿一個人的全生命週期，但每個階段的需求有階段性的差異。兒童階段要童裝，成年後會有職業裝、休閒裝和運動裝等等。類似需求還有汽車和電腦。

基於顧客的購買使用週期和產品需求週期分析，企業需要回答兩個基於「時間」的顧客細分問題：

- 「服務一個人的一生」：企業的產品和服務貫穿一

個人的整個需求週期，比如優衣庫的產品線覆蓋嬰兒服裝、童裝、孕婦裝、休閒裝、內衣等等，這反映出優衣庫產品的顧客需求週期全覆蓋；

- 「在不同時代服務每個人群的特定需求階段」：由於需求的特質決定，並不是所有的產品需求會貫穿人的整個生命週期。但如果企業的產品需求週期足夠長的話，企業可以戰略性地選擇為每個時代進入需求週期的顧客服務。如傑尼亞（ZEGNA）1910年由伊門尼吉迪奧‧傑尼亞（Ermenegildo　Zegna）在義大利特裡維羅創立，專注於精品成年男士服飾和用具的製造和銷售，它選擇了男人生命週期中的特定階段，即成年階段而非兒童階段，從創立以來一直為每個時代的成年男士提供服飾。

競爭細分：競爭原來如此精彩

如果你願意開闊思路，企業在實踐中會有不同類型的競爭對手。它們與企業之間是競爭與合作的關係，而企業

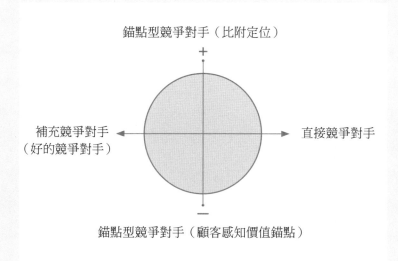

錨點型競爭對手（比附定位）

補充競爭對手
（好的競爭對手）

直接競爭對手

錨點型競爭對手（顧客感知價值錨點）

圖6-3 需求場景型競爭對手

所要做的就是開闊競爭視野，在諸多不同類型的競爭對手中細緻分析這些對手，制定相應的競合策略。

顧客需求與競爭是一體兩面的概念。競爭發生在顧客需求的背景下，缺乏顧客需求的不斷發展和演進，一切競爭和發展都是無本之木。而缺乏足夠規模顧客需求的市

場，也無法吸引更好的企業加入。顧客在充滿選擇的環境下進行決策，企業面對的是競爭對手不斷創造新的顧客選擇方案的壓力。整體而言，企業有四類競爭對手需要去發掘和應對：

需求場景型競爭對手

　　需求場景是顧客在什麼地點、什麼時間、與什麼人一起完成怎樣的任務。它像劇本一樣完整與細膩地定義了顧客的需求。基於顧客需求場景的定義，企業會發現自身在什麼場景下會成為首選，在什麼場景下，可能會被競爭對手所覆蓋。它也包括我們通常所說的替代型競爭對手，比如從中國女性「顏值管理」的場景而言，美容院與健身房是替代型競爭對手。因為，女性的休閒時間是有限的，很多女性將原先做生活美容的時間轉投到健身房，通過私教課來實現健身，進而提升自身的膚質和體型。

　　更為重要的是，通過顧客需求場景的細緻研究，我們可以發現企業原有競爭策略的盲點。比如，在網約車行業，滴滴結束了激烈的競爭，成為網約車市場的第一（據艾媒諮詢〔iiMedia Research〕資料顯示，2020年6月，滴

圖6- 4 出行的顧客需求場景

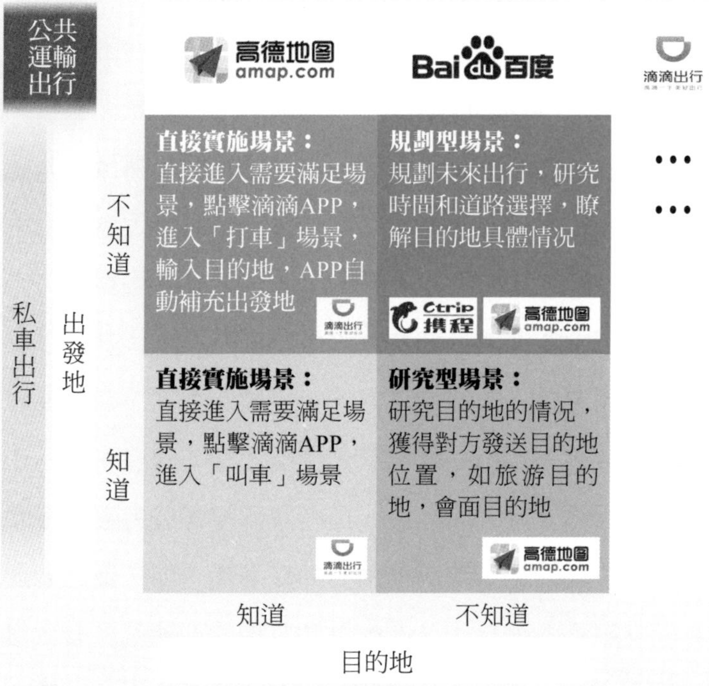

公共
運輸
出行

  滴滴出行

不
知
道

直接實施場景：
直接進入需要滿足場
景，點擊滴滴APP，
進入「打車」場景，
輸入目的地，APP自
動補充出發地 滴滴出行

規劃型場景：
規劃未來出行，研究
時間和道路選擇，瞭
解目的地具體情況

Ctrip攜程

出
發
地

私
車
出
行

知
道

直接實施場景：
直接進入需要滿足場
景，點擊滴滴APP，
進入「叫車」場景 滴滴出行

研究型場景：
研究目的地的情況，
獲得對方發送目的地
位置，如旅游目的
地，會面目的地

· · ·
· · ·

知道 不知道

目的地

滴在大陸網約車市場佔據市場占比已經超過了60％）。那誰會成為滴滴的潛在競爭對手？如圖6-4所示，從顧客需求場景出發，我們會發現企業不同的場景型競爭對手：

（1）直接實施場景。在使用者明確知道出發地和目的地的情況下，或者使用者知道目的地但不知道出發地的情況下，使用者會立即進入「叫車或約車」場景：直接點擊滴滴App，自動識別出發地，輸入目的地，甚至根據歷史記錄，直接獲得目的地。這種場景下，滴滴因為獲得用戶習慣和品牌認知的先發優勢，具有很強的競爭優勢；

（2）規劃或被告知場景。如果使用者不知道目的地，而是需要會面人發過來位址，高德或百度、Google等地圖服務就擁有了另一種場景化優勢，即「我在哪裡」或「我要告訴你，我在哪裡」，再考慮到這種雙方互相聯繫確定會面位址的場景具有很強的社交屬性，而作為即時通信和社交平臺的微信、Google以及背後的地圖就具有更優先的場景優勢。用戶在收到對方發過來的地址定位後，直接點擊進入騰訊或高德、Google地圖，而地圖服務商則利用使用者所追求的行為便利性和連貫性，聚合各租車平臺，成為「平臺的平臺」。在一些更加細緻和強目的的場

景，比如旅遊目的地的研究，用戶會在各旅遊平臺（如攜程）進行資料搜集後，直接點擊路線，進入約車的場景。這也是成為出行全場景生態內部的競爭，不同屬性的出行場景，會決定了用戶的優先場景，而場景的優先也決定了流量的第一入口和來源。而為進入更多的出行場景，努力成為「出行」全場景下的頂級流量入口，擁有更大的需求流量分發能力。在移動互聯時代，場景成為我們研究和洞察顧客需求的「基本單位」，基於場景的競爭對手細分，則成為企業洞察競爭趨勢，發現跨界競爭對手的重要方式。

錨點型競爭對手

　　沒有比較就沒有傷害，沒有基點就無法比較。從消費心理學角度而言，顧客喜歡有選擇，但要選擇就得有比較。企業需要利用顧客心智中已有的競爭對手認知，將其作為提升自身選擇排序或實現溢價的錨點。而很多比附競爭策略就是確定錨點競爭對手，從而提升自身在用戶心智中的選擇地位。但錨點的對手的選擇不能超越顧客認為的「心理半徑」，強行對標高錨點品牌，缺乏足夠的證據和支持，會被顧客認為是「搭熱度」或「碰瓷」，無法達到

效果。對同時兼顧高顧客感知價值與低內部成本的企業，高成本企業的存在使得低成本企業只是採用與高成本企業相同的價格策略就可以獲得更大的利益。

除了對標高端品牌的錨點競爭對手外，強品牌也可以利用弱勢品牌體現自身的高價值和成為自身實現溢價的根據。弱勢錨點的存在和曝光，使得強勢品牌成為對比之下，顧客的必然選擇。2000年，為了能在中國飲用水市場突圍，「農夫山泉」推出了礦泉水，在整個水飲市場都生產純淨水的時候，農夫山泉卻率先提出「只做對人體健康有益的天然水」的理念，喊響了「我們不生產水，我們只是大自然的搬運工」的廣告口號。相比純淨水，農夫山泉提出的礦泉水更有益於健康的訴求就更有價值。2019年，農夫山泉品牌飲用水市場占比達到中國大陸飲用水行業總體網路零售額的34.6％，位居第一。

直接競爭對手

直接競爭對手就是與公司自身定位相同目標顧客，採用類似通路和價格策略的競爭對手。儘管，不同企業會選擇不同的顧客價值偏好，但其價格、通路等核心市場競爭

手段會相似。這類競爭對手是企業的直接競爭對手，也是在顧客眼中最直觀的「選擇之一」。直接競爭對手與企業處於同一需求場景生態位中，同一顧客價值需求空間，二者之間的激烈競爭會成為常態。比如，顧客在進行購買私家車時經常會提到的「同級車」，「同價位」、「同車型」都是直接競爭對手。但「好的競爭對手」會通過顧客價值戰，而非簡單粗暴的價格戰的方式進行競爭。中國乘用車市場中主流高端市場的直接競爭者是賓士、寶馬和奧迪。

　　而直接競爭對手也可以轉化為「競合」關係。正如在前文提到的「寶僑家品」進入中國後將「聯合利華」定位為好的競爭夥伴，因為二者擁有相同的市場競爭理念、相同的市場運作套路，二者的競爭也是高手過招，在互相競爭中，彼此借力和造勢，共同開發和佔領中國高端日化市場。而對於處於需求萌芽期的市場，直接競爭對手可以與企業共同努力，將需求從小眾的早期嘗試者群體，擴大到主流市場，從而推動市場競爭需求覺醒帶來的整體增長紅利，在市場需求處於整體增長階段，各直接競爭企業都能享受「蛋糕增大」帶來的增量發展空間。

補充型競爭對手

由於顧客需求的多樣化與多層次化，會形成若干「利基市場」，也成為相對占最大比重的行業主流市場之外的「小眾市場」。行業領導企業希望發揮規模和經驗優勢，佔領最大比重的主流市場。

對行業領導者來說，小眾市場收入規模不夠有吸引力，可以交給其他企業來覆蓋，形成選擇多樣，豐富多彩的市場格局。但不可忽視的是，有需求的小眾市場是很多競爭對手入局的切入點，憑藉小眾市場的破局，新進入者會獲得必要的生存資本和市場知名度，而後，新進入者會通過一系列的細分市場延展，成為行業的新領袖。豐田汽車通過當初處於邊緣地位的小型車市場在美國站穩了腳跟，成為美國市場的銷量冠軍，後來通過新創品牌Lexus，進入了高端車市場。娃哈哈作為瓶裝水市場的後進入者，在1996年通過進入「小眾市場」——4L裝的家庭用水市場，成功切入了瓶裝水市場。而後，通過一系列堪稱經典的品類創新和市場公關活動，讓娃哈哈成為顧客心中的「熱門」，最終超越娃哈哈和樂百氏，成為中國瓶裝水行業的新龍頭。

　　當面對以上四類競爭對手，企業需要全面考慮和應對，缺一不可。企業要從顧客需求生態的角度去分析場景型競爭對手，明確自身在顧客需求場景生態中的角色，這對發現跨界競爭者，以及企業未來的戰略發展和投資方向有著極為重要的作用。

　　例如，高德地圖作為地理資訊提供商，在面對百度和騰訊地圖的直接競爭壓力下，不妨從應用場景出發，不止於電子地圖，而成就於「線上地圖使用場景」。確定錨點型競爭對手，有利於企業在顧客心智中獲得更好的購買排序以及價值支撐，為企業整體戰略成功建立關鍵性的基礎。直接和補充型競爭對手與企業的關係充滿了市場博弈的智慧，而根據競爭對手的市場競爭理念與未來發展願景，企業可以選擇性與其中的競爭對手進行階段性的策略聯合，穩定行業進入壁壘，推動行業的技術與需求滿足水準的持續提高。

細分市場的策略選擇

從市場戰略的角度，以上這四種策略又可以簡化為現有市場戰略和新市場戰略，而企業在實踐中經常會提到「開發新市場」與「鞏固老市場」。決定企業是進入新市場還是鞏固老市場，有非常重要的兩個指標：

（1）現有市場的產品認知度：企業在已選定的地理區域內，顧客對於企業產品的知名度和認知度是否有足夠的覆蓋和深入，是否在需求產生時將企業的產品作為優先選擇。無論在傳統與數位媒體時代，企業都需要解決這個「入門級」的挑戰。一個最簡單的原理是，有效的認知是帶來有效市場需求的充分條件。

（2）現有市場的顧客價值滿足程度：代表顧客對產品價值的滿意程度，顧客滿意程度越高，意味著產品越有可能具有廣闊的「市場前景」；對顧客的價值滿足是產品成功的必要因素，不能充分滿足顧客需求的產品，無法獲得持續的成功。在中國大陸市場有個曾經紅極一時的「黃太吉」煎餅，曾利用嫻熟的互聯網傳播手段，在短時間內獲得了極高的市場知名度，但隨著第一批嘗鮮人群體驗

圖6- 5 決定企業市場戰略的兩個重要指標

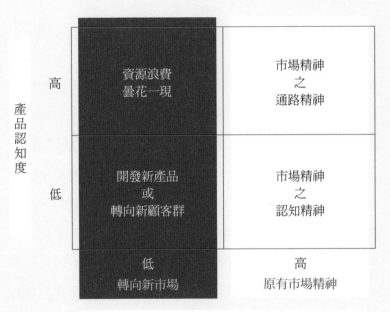

產品後，黃太吉的產品口碑出現了持續下滑，而這些負面口碑又利用互聯網傳播環境影響了未來主流人群的嘗試意願。所以，產品價值的不足是決定企業市場資源投入回報的命門。

細分市場的選擇和進入策略需要很大的智慧，通過市場精耕和顧客深耕實現聚焦（局部以弱勝強），通過市場開發擴大市場占比（也就是「破圈」，追求更大顧客群體內的成功），或通過創新進入新的市場：

市場精耕（Market Penetration）： 以現有的「市場-產品組合」為發展焦點，通過市場傳播與通路管理，提升現有產品在現有目標市場內的知名度，並通過銷售通路的精細化工作，使得更多目標顧客「知道產品」，並且「買得到產品」。中國的商業通路模式既有規模化的連鎖現代零售通路，如連鎖超市和便利店，也有數量眾多高度零散化的私人零售點。據估計，中國有超過800萬家的商業零售終端。企業的產品在上市初期獲得了足夠的客戶價值滿意度，提升認知度和易購度，就是決定企業市場成功的關鍵基本功。縱觀企業的市場競爭歷程，在這兩項最基本的市場活動中真正做深與做透的企業都獲得了巨大成功。例

如娃哈哈實施的產銷聯合體，可以將線下通路鋪設到眾多的縣級市場終端，這對快消品企業而言就是擁有了深入終端市場的「毛細血管」，提升了區域的銷售密度，是絕對的核心競爭力。

而在局部地理和顧客市場聚集不輸於競爭對手的人員和費用投入，形成足夠的銷售密度，是企業引爆區域顧客注意力、輿情，形成動銷的必需條件。同區域多點覆蓋和多點同開，之後再區域滾動發展，是很多中國企業的市場競爭之道。

顧客深耕：圍繞場景或圍繞時間進行「產品延伸」，從單客向單客經濟演進，從產品模式到商業模式的升維。產品延伸（Product　Development）也可以說是推出新產品給現有顧客，利用現有的顧客關係，採取產品延伸的策略。通過擴大現有產品的深度和廣度，推出新一代或是相關的產品給現有的顧客，提高該廠商在現有顧客該類需求中的佔有率。這種策略的底層邏輯是將客戶資源變成客戶資產，圍繞顧客的某一需求場景或者生命週期，提供多種相關服務。中國大陸的家電商「海爾智家」希望將原先通過冰箱產品積累的忠實顧客，利用顧客信任與有利的心智

聯想，轉變為一系列智慧家電組合的客戶，為在智慧化時代，通過5大家庭生活物理空間，提供7大解決解決 方案，提供智慧家庭生活提供全套智慧化產品。更重要的是，它以智慧產品為切入點，從硬體產品到後續服務，通過源源不斷的後續服務和相關產品需求，比如通過智慧冰箱向廚房新鮮食材供應鏈延伸，成為新鮮食材的家庭入口，提升了海爾與顧客的接觸頻率，獲得更大的收益空間。

　　市場開發：企圖推出「爆品」的市場引爆。這種「市場拓展」（Market Development）是以現有產品開拓新市場，企業希望在不同的市場（顧客群體）上找到具有相同產品需求的使用者，有時企業是想在新市場中複製原有市場的成功，比如跨國企業在全球市場採用一致的產品設計和客戶價值主張。更多情況下是對產品定位和市場溝通策略的調整，但產品本身的核心技術則不必改變。麥當勞在全球統一推出的「巨無霸」漢堡，成為麥當勞全球標誌性的爆品。

細分市場選擇策略背後的策略：始於機率、成於概念

　　基於產品和顧客的延伸都可以總結為基於「核心」選

擇和延伸。但在選擇細分市場的切入點和延伸方式有其規律。實踐證明，作為新創企業，按照「爆品—目標人群信任—同類產品延伸—顧客人群延伸」的路徑，有更大機率獲得可持續的增長。新創企業集中資源，用爆品來聚焦特定人群的特定需求，獲得顧客對初創企業的信任後，再基於積累的產品和供應鏈能力開發同系列產品，為不同人群提供同類型產品。海爾集團以家用冰箱起家，在全球完成家用冰箱的全系列和價格段佈局後，也利用類似的製冷產品研發和生產能力，延伸至工業和醫用製冷產品，也同樣獲得了成功。

　　而通過產品初步獲得目標顧客信任與認同後，企業可以圍繞產品線背後的顧客需求提供「整體解決方案」或「全產品線提供商」。另外，家居與服裝行業的「生活方式」，其實就是圍繞顧客群體開展「單客經濟」，圍繞顧客提供一系列的跨品類產品線。這極大提升了企業的營利和估值空間。瑞典的「宜家」就圍繞北歐風格的居家生活方式，產品線跨越餐飲、家居、傢俱、家裝、服裝鞋帽等。

　　對於提供整體服務或概念的企業，要特別關注兩大挑戰：

- 其一是多產品線延伸對企業的研發、製造以及供應鏈管理能力，如果產品跨度過大，將超出企業現有的供應鏈能力的話，企業將失去在研發和成本方面的自有優勢；

- 其二，在每一個單獨的產品線都要面對聚焦型的競爭對手的阻擊，如果顧客在該品類下偏好單品類購買，那主打整體概念的品牌將失去更加產品聚焦帶來的優勢。比如，新消費品牌鐘薛高在雪糕品類成功後，基於冷鏈能力，開發了「理想國」速凍水餃，在這個品類它將遇到「灣仔碼頭」、「思念」以及「三全」等已有成熟和知名速凍食品品牌的競爭。除去線下通路佈局之外，「理想國」品牌需要說服目標顧客，它如何將原有已獲得顧客認可的優勢，是如何遷移到新產品上，並因此給顧客創造了超出原有知名品牌的價值。

長尾市場與押強原則

著名管理學人克里斯汀森在《創新的擴散》中曾提出，很多創新是在邊緣和小眾需求市場首先獲得成功的，

無論是從產品還是顧客出發進行細分市場的選擇，企業都需要集中資源和能力，聚焦於特定人群的剛需和痛點，形成資源、能力的比較競爭優勢。這也是細分市場選擇需要注意的「押強原則」。例如華為在發展初期為了形成自己的產品競爭優勢，華為公司總裁任正非先生在2001年在一次大會的發言中闡述道：「華為從創建到現在，實際上只做了一件事，即義無反顧、持之以恆地專注於通信核心網路技術的研究，始終不為其他機會所誘惑。而且即使在核心網路技術中，也在通過開放合作不斷剝離不太核心的部分。」

聚焦與延伸，集中與協同，是商業領域永恆的爭論話題，各種細分市場選擇策略都有成功的案例。而對於企業而言，這些問題不是非此即彼，而是辯證統一的關係。這其中的關鍵是回歸最基礎的顧客價值滿足層面，無論採用企業的規模大小，只要比競爭對手更好或更創新的滿足顧客需求，它就可以獲得顧客的選擇，在市場競爭中大機率地勝出。而華為總結的戰略成功經驗的第一條就是「堅持顧客導向，以顧客為尊」。

CHAPTER

7

從品牌出發的
市場戰略

你的品牌掌握在別人的手中。
你不能支配人們
對你的想法、言論或感覺，
但你可以確定你會影響它。

公司品牌戰略的正確打開方式

十九世紀4、50年代的美國辛辛那提碼頭上，寶僑家品公司的工作人員在覆蓋本公司產品的帆布上打上了獨特的標誌，以方便客戶與工作人員簡便地找到本公司的貨物。但結果出乎意料，那些打著標識的商品更快地被客戶搶購一空。其他廠商在隨後也紛紛模仿，導致碼頭一片混亂。1851年，運貨工人總是在寶僑家品產品貨箱上畫星星月亮等記號，以此區別於別家的貨物。寶僑家品公司發現後便採用星月標誌為公司標識。這一發生在真實市場中的活動，宣告「品牌」作為市場競爭手段登上了歷史舞臺。

　　發展至今，作為商業策略的「品牌」在規劃理念和實施手段方面都發生了重大的演化。一方面，是一百多年來市場環境和顧客需求升級不斷推動的必然結果；另一方面，企業的市場活動重點也從單純地比競爭對手更有效率、更具有差異化，演進為比競爭對手更好地滿足顧客需求。這個轉變是從市場的角度來思考和應對外部挑戰。在演進過程中，品牌就成為企業與外部市場的「接觸介面」，承擔起很多超越傳統品牌職能的工作。這就要求企業家與時俱進，成為懂戰略的品牌戰略家。

　　企業家品牌能力的提升，首先讓我們要從企業經常陷入的「品牌誤區」入手，這樣才能有針對性的成長。在我們實踐的經驗中總結，企業家往往有以下三大品牌誤區：

　　第一個誤區是很多企業一想到品牌，還是不由自主地甚至是潛意識地想到各種「廣而告之」的活動。有這種誤解的企業數量眾多，所以，本書將它排在第一位。大家經常會聽到以下說法：

- 很多頗具規模的製造型企業會說：我們更需要強大的品質和技術，以及專業與強悍的銷售能力。品牌

就是做企業形象片，參加展會、辦形象展廳、出內
部刊物。

- 而一些中小規模的企業會說「沒錢怎麼做品牌，做
品牌是大企業的遊戲」！其實，這個誤區非常容
易破解。

因為，品牌從來都是企業通過「知行合一、言行一
致」的方式去定義和持續創建的，企業需要綜合「告知」
與「感知」的方式來全面打造品牌。大家在日常生活中經
常接觸到的各種豐富多彩的市場溝通活動和工具，都只是
通過「告知」的方式去建立品牌，這些活動是公眾最直接
感受到的。因此，這冰山浮出水面的一角，就以偏概全地
成為「品牌」和「做品牌」的同義詞。不可否認，各種市
場溝通活動是建立品牌的基礎，有著不可忽略的作用。但
問題是，大多數企業卻止步於此，企業高層沒有從市場戰
略的高度去系統地理解和實施品牌。

第二個誤區是認為自身的產品和技術足夠好，通過顧
客的口碑，企業自然就有品牌。從市場實踐的角度看，品
牌屬於顧客，商標屬於企業。本書作者群認為：品牌＝

實用價值（產品）＋無形價值＝顧客價值認知度＋顧客價值滿足度。在商業世界，品牌以有形產品為依託，品牌作為優秀產品充分滿足顧客的需求的結果而自然形成。這個說法有著科學與合理的一面。但這個自發的品牌形成過程面臨的最大挑戰是效率和效果的問題。在激烈的市場競爭中，品牌如果無法及時地完成有效的顧客認知覆蓋，會被很高效率和更好效果完成品牌認知工作的競爭品牌所替代。而顧客處於自身的能力和時間限制，會誤解甚至曲解企業以及產品特徵。

　　第三個要澄清的誤區是，品牌定位絕對不是一句品牌傳播口號，而是一套品牌價值組合。品牌不止是傳播，品牌定位更加不是一句品牌口號。品牌口號是企業從特定的傳播場景出發，基於品牌價值組合，用一句易記、上口的短句來表達和傳達給顧客。所以，不要被品牌傳播的形式蒙蔽品牌定位的本質作用。品牌定位的首要任務是協助企業解決最基本的問題，即確定「用怎樣的品牌價值組合去滿足怎樣的顧客需求」。它必須能發掘或滿足顧客各種需求，並與競爭對手形成有效地差異化。受眾（如顧客）有著豐富的價值需求，常見的是馬斯洛提出的人類需求金

字塔，而這些價值需求都是企業需要通過「品牌」去滿足的。因此，品牌定位是企業對於受眾的一系列價值組合的定位和選擇。

但在具體的傳播活動中，考慮到傳播的具體場景特點，比如15秒的電視廣告、一閃而過的戶外海報等，在這些極端受限的傳播場景中，企業首先要突出最需要受眾記憶的資訊，比如公司或產品的品牌名稱以及核心價值點（也稱為核心賣點），應用各種傳播手段來吸引受眾的注意力和強化記憶力（需要注意的是，中國許多企業的傳播方式往往缺乏必要的創意和審美，這將影響和限制品牌作用的持續發展）。

品牌不僅是品牌部門的工作
更是企業家領導下的全域工作

很多企業的最高階主管理層經常在各種場合提到，在全公司「打造精品」「創建品牌企業」「品牌是企業的核心競爭力」，是寶貴的戰略資產。但實踐中，卻將品牌置

於負責「市場傳播、公關推廣和活動」的單一職能部門。而那些同樣具有品牌建設意義的市場行銷戰略、企業文化、人才招聘、售後服務、通路及銷售團隊管理、夥伴生態建立，都被排除在品牌管理的視野之外。所以，品牌在市場上是個非常「人格分裂」的重要商業活動，它像「戰略」這個概念一樣備受企業家和高階主管的重視，在各種場合被經常掛在嘴邊。但又無法像「戰略」一樣獲得公司最高層的一致重視。

越來越多的領先企業會設立「首席戰略官」的職位，來思考事關重大的「戰略問題」，統籌公司各職能和業務部門去實現戰略願景。現實中，品牌卻仍舊是一個聚焦傳播和公關的部門職能，品牌負責人只關注公關發稿、宣傳物料等工作，研發、銷售、服務等部門則負責研發新產品、完成銷售收入指標、進行客戶服務，沒有哪個部門是真正圍繞「品牌」來開展工作。

在這種方式下，企業家又如何指望一個有著先天局限性的職能部門，去實現品牌與公司的全面融合？又如何期望公司能全面和一致地傳遞顧客價值？

公司品牌問題的本質

企業諸多關於品牌的迷思其實都可以用一句話來解決——公司品牌戰略思考的本質是戰略屬性的，而實施手段具有豐富的戰術性。公司品牌戰略與公司戰略的決策思路是相通和相同的。

日本戰略管理領軍人物大前研一在《戰略家的思維》一書中提到了一個「3-C模型」：客戶（Customer）、競爭對手（Competitor）和你自己的公司（Company）。企業在制定戰略規劃時需要整合考慮這三個因素，缺一不可。而企業側重哪個面向開展市場競爭，就成為企業處理戰略決策的核心，也體現了企業家和企業不同的決策和行為風格。

而當前的主流品牌戰略理念是由塔克商學院的學人凱文‧凱勒（Kevin Keller）等人提出的「從相似點到差異點」（From Points of Parity to Points of Difference）。如圖7-1所示，這個思路背後的邏輯也體現了企業戰略3-C模型的作用。我們稱之為確定「發掘企業比競爭對手更擅長提供的差異化顧客價值」——企業必須提供顧客感興趣的價

圖7- 1　戰略分析模型的品牌應用

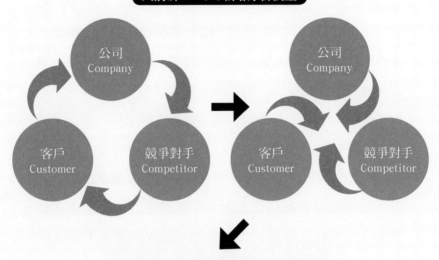

大前研一：3-C戰略分析模型

公司
Company

客戶
Customer

競爭對手
Competitor

公司
Company

客戶
Customer

競爭對手
Competitor

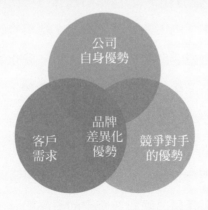

凱文・凱勒：從品牌相似點到差異點

公司
自身優勢

客戶
需求

品牌
差異化
優勢

競爭對手
的優勢

值，而這些價值最好是企業自身能力所支撐的，同時最好是競爭對手所不擅長的。而如果顧客感興趣，而企業與競爭對手都能滿足，那這些顧客價值點稱為「價值均衡點」（POP，point of parity）。顧客的價值均衡點是企業競爭的保健因素，如果無法滿足這些基本的價值要求，企業將無法在市場中立足。比如，乾淨衛生之於旅店，安全之於航空公司。

美國西南航空公司的目標客群是對價格敏感的出行人士（學生和經濟型商旅人士），為滿足該群體的核心要求（即又省錢又快捷），讓原先準備坐大巴士的顧客成為西南航空的顧客。西南航空提出的差異化的顧客價值背後，是公司差異化的公司戰略在支撐。西南航空實施「高效率低成本」的策略，簡化機型，機票直銷，提升團隊地面效率（空姐協助打掃機場衛生），簡化產品（不提供商務艙）。西南航空連續10年盈利，2019年營業收入達到224.28億美元，稅後淨利潤23億美元。

面對這一具有吸引力的市場，卻是其他航空公司無法覆蓋的，如阿聯酋航空（Emirates）無法通過現有的公司能力和資源去滿足，阿聯酋航空的產品和公司能力（如公

司採用最新的飛機型號與豪華的商務與頭等艙）都無法支持其有利潤地去滿足經濟型客群的價值要求。所以，西南航空的差異化價值，經濟、快捷與幽默感，成為它獲得細分市場成功的重要保障。而差異化策略，也是波特在競爭提出的三大基本競爭戰略之一。品牌差異化是企業重要的差異化手段，甚至是關鍵性的差異化。在消費品行業，品牌差異化是企業的核心資源和競爭力，是保證企業收入增長的必須條件。可口可樂前總裁道格拉斯‧達夫特曾經說過，如果可口可樂在世界各地的廠房被一把大火燒光，只要可口可樂的品牌還在，一夜之間，它會讓所有的廠房在廢墟上拔地而起。

所以，當企業面臨各種品牌問題時，就必須深入考慮這些問題背後是否有清晰的市場戰略：

- 企業是否清晰地界定了目標顧客及其價值需求；
- 是否充分考慮了競爭對手對目標客戶的價值滿足能力；
- 是否客觀地審視了自身的能力；

很多企業都忽略了對品牌問題背後的市場戰略問題的
澄清。更糟糕的是部分企業在尚未明確這些基本市場戰略
問題時，就憑主觀臆斷進行猜測，並急不可待地進入到市
場傳播和實施環節，其結果往往是可以預計的。

「鋼鐵是如何煉成的」：

實踐中，品牌是什麼不重要，重要的是如何去做品牌

企業在開展品牌工作時，經常會發出以下疑問：

- 品牌是單純依靠傳播形成的嗎？
- 產品好、企業的業績好就自然形成品牌了嗎？

品牌是產品和企業成功的原因，還是產品和企業業務
成功後的結果？

有經濟學家曾經講到，企業花費大量資源去做品牌（
這裡是指廣告、傳播活動），其實是最大的浪費。因為你
的產品和服務如果能很好滿足顧客的需求，自然就有口

碑，進而企業就有了品牌。這個犀利的觀點雖然沒有進一步澄清品牌這個字眼的內涵，但卻引人深思。建立品牌後，企業與顧客能獲得大量的利益，這是獲得大家高度認同的，甚至是在品牌領域唯一認同的概念。但問題是，企業應該採取怎樣的行動，才能持久獲得這種品牌利益（也稱為品牌資產）。我們給企業家的建議是通過實踐去歸納和驗證。品牌的形成是企業通過全面與持久的品牌化運作後形成的結果，品牌在顧客心智中是企業和產品的綜合性象徵。

所以，品牌如何建立，又如何發揮作用？凱文・凱勒提出了品牌價值鏈模型，清晰地將整個過程全面展現出來（見下頁圖7-2）。

首先，企業需要整合各種市場活動，如產品、通路、服務、價格等，放大有形價值和創造無形價值。這些價值和活動，都在顧客心智中積累的「品牌知識」，即圍繞品牌的名稱和標識，顧客腦海中能留存的資訊集合。

當你想起「麥當勞」這個品牌名稱時，你的腦海裡就會呈現出各種資訊點：金黃色燈箱上的巨大M字，巨無霸漢堡，明亮與乾淨的用餐環境、孩子的生日聚會……，這

圖7- 2 品牌價值鏈：Brand value chain，凱文‧凱勒

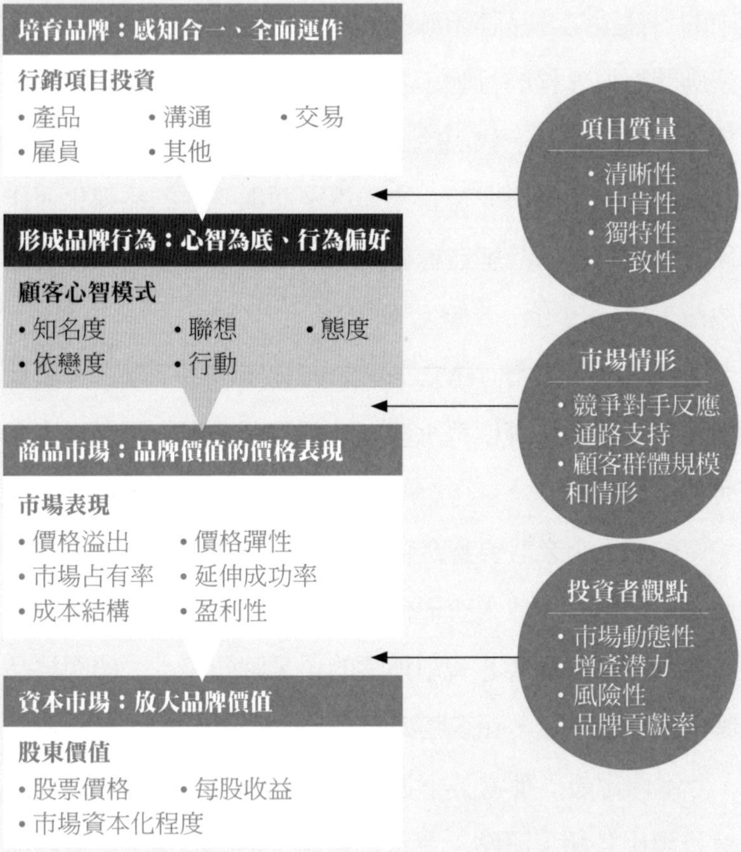

培育品牌：感知合一、全面運作

行銷項目投資
- 產品
- 溝通
- 交易
- 雇員
- 其他

項目質量
- 清晰性
- 中肯性
- 獨特性
- 一致性

形成品牌行為：心智為底、行為偏好

顧客心智模式
- 知名度
- 聯想
- 態度
- 依戀度
- 行動

市場情形
- 競爭對手反應
- 通路支持
- 顧客群體規模和情形

商品市場：品牌價值的價格表現

市場表現
- 價格溢出
- 價格彈性
- 市場占有率
- 延伸成功率
- 成本結構
- 盈利性

投資者觀點
- 市場動態性
- 增產潛力
- 風險性
- 品牌貢獻率

資本市場：放大品牌價值

股東價值
- 股票價格
- 每股收益
- 市場資本化程度

些資訊通過企業的市場溝通和顧客的親身體驗，在顧客心智中積累形成了麥當勞的品牌知識、品牌情緒和感受。

而一旦這些通過傳播和感知獲得資訊對顧客有價值，與顧客形成了功能與情感層面的認同和共鳴，就會直接影響和體現為顧客的各種行為反應，比如偏好度、持續購買的忠誠度、對於推出新產品的接受度等等。

至此，凱文・凱勒給出了品牌資產的定義：「顧客對於不同品牌行銷行為的差異化反應」，這差異化的反應包括心理和行為的。顧客用購買給出了差異化答案，有的品牌已經百年，長盛不衰。而用的企業廣告攻勢兇猛，但顧客購買行為卻乏善可陳。眾多客戶的差異化購買行為就直接造成了企業的銷售收入、毛利水準，這統稱為在商品市場的成功。而商品市場行為的收入、利潤和現金流，就最終支持了公司在資本市場的價值。

這裡有三個關鍵點需要大家注意：

- 正如我們在本章開頭提出的企業對品牌的誤解，要知道真正的品牌是不會自發形成的，品牌一定是企業全面與持續品牌化的努力結果。既然做品牌不是

單純的傳播與廣告，那品牌化的過程就應該是企業
圍繞顧客需求，確定品牌定位，進而用品牌定位來
引領研發、製造、服務、傳播、客戶關係等各項
企業內外部活動而形成的結果。透過品牌的視角，
企業充分瞭解和理解顧客的需求，統領各內部職能
「聚焦一處」地支持公司戰略的實施和踐行。而缺
乏必要的「品牌化運作」鋪陳，即使是優秀的產品
和企業，也會受到受眾的誤解。早期的華為因為缺
乏足夠的品牌運作，導致公眾對華為形成該公司「
過勞」及「不人性」的誤解。而另一個極端的案例
是，企業認為創造一個商標和識別體系，再配合大
量的傳播轟炸就能形成品牌，這是在早期賣方市場
條件下實現了短期突破。在當下供給過剩的時代，
企業必須實現從內到外，全面實踐品牌價值承諾。
它雖然能在短期內提升品牌的認知情況，但如果企
業產品和服務無法匹配傳播中提出的價值承諾，一
定因為無法持續滿足價值承諾而迅速地銷聲匿跡。

- 品牌競爭下，一致性的體驗為王，是一種全面與系
統一致的品牌化過程。品牌化的核心是企業對顧客

需求的洞察與滿足，持續創造和傳遞顧客價值的全部過程。知行合一，言行一致才是持久建立品牌的正道。這就要求企業家將品牌承諾落實到到顧客的「品牌體驗點」，持續一致地去傳遞品牌價值。由於大多數中企業是基於職能而搭建，往往無法將品牌價值承諾在內部也定位為各職能工作方向，導致了「說一套、做一套」，讓顧客十分困擾和苦惱。某些主打商務客群的高星級旅店，沒有適合長時間辦公的座椅，缺乏適合在桌面使用的電源插頭。這對需要在旅店房間長時間使用電腦辦公，並同時給手機充電的商務人士造成了很大的麻煩。而解決這一切痛點，只需要一個置於寫字臺桌面的插線板而已。而歐美很多先進企業，紛紛設置顧客體驗長（Chief Experience Officer，簡稱CXO），品牌體驗官可以理解為顧客派在企業內部的「臥底」，負責從顧客的角度去引導企業努力。波莉‧薩姆勒（Polly Sumner）就是Salesforce網站的CXO，負責確保用戶在Salesforce買到他們需要的產品。波莉‧薩姆勒也因此被IT雜誌《eWeek》評選為全球高科

技公司中的10大權威女性之一。CXO預計在不久的將來在旅遊航空等服務類行業都將出現。

- 企業各職能缺乏發現品牌價值的「眼睛」。法國著名雕塑家羅丹說「世界上不缺乏美，但缺乏發現美的眼睛」。而企業做品牌需要一雙發現品牌價值的「眼睛」，企業可以像杜邦一樣打造要素品牌、像小米打造生態圈品牌（米家），像GE一樣開展戰略的品牌化運作。「品牌形成觀」對一家企業品牌管理的借鑒意義是：科學與務實的品牌形成觀會告訴企業，要從公司全域的廣度去實施品牌，不要將品牌簡單化為傳播；要從公司戰略的高度去規劃品牌，公司品牌的思考方法與公司戰略思維一脈相承；更要從永續經營的角度去持久一致地創建品牌，不押寶賭博式的短期品牌傳播。

建立CEO的品牌管理大格局

在建立清晰一致的品牌理念與實踐觀點之後，企業家

圖7- 3 品牌知本家、品牌資本家與品牌智本家

	品牌知本家	品牌資本家	品牌智本家
	顧客創造心智價值	基於品牌知本的資本運作	用品牌推動戰略實施
特點	• 系統構建與傳遞「品牌知識體系」 • 通過品牌活動創建功能認可、情緒共鳴、價值觀認同	• 用品牌資 整合多種資源 • 品牌資本運作—品牌聯合、品牌收購、品牌入股	• 用品牌打通企業內部與市場 • 用品牌推動企業戰略變革
增長手段	品與顧客市場 • 品牌感官運作：五官管理 • 品牌體驗體系 • 基於品牌知識的 品線延伸 • 善因行銷	• 基於品牌知識的多元化業務延伸 • 品牌連鎖與加盟 • 基於品牌知本的資 聯合與收購 • 基於品牌資 的公司融資	• 戰略—文化—品牌的一體化運作 • 資本品牌、人才品牌 • 配合公司戰略的服務品牌／社群品牌/要素品牌／變革品牌 • 戰略與商業模式的品牌化運作
案例	Haier	IKEA mi	imagination at work VOLVO SANY

就具有了成為品牌戰略家的必備理念基礎，實踐中很多世界級企業家已經展示出了卓越的品牌戰略實踐，並在公司成長過程中發揮了獨特的作用。我們將這個過程分為逐層進階的三個階段。

三種風格的品牌戰略家：越疊加，越精彩

　　企業的品牌運作是最能體現企業市場競爭意識的領域，也是最能體現企業高階主管市場增長策略風格的管理工具。在為企業提供品牌戰略的過程中，本書通過品牌的獨特角度，用三種不同的風格去定義企業家如何運用「品牌」，去推動企業的不斷發展和變革（見上頁圖7-3）：

品牌知本家：為顧客創造精神價值

　　哲學家培根曾說，知識就是力量。而一旦品牌在顧客心智中形成了「品牌知識」，品牌就可以開始發揮作用。品牌知本家重視系統建立「品牌知識「，善用顧客的認知習慣和需求，建立品牌的價值組合，其中包括但不限於理性價值、感性價值、個人價值、社會價值，再通過視覺、聽覺、嗅覺等感官去傳遞，最終在顧客的心智建立「品牌

知識」。

創造無形價值：品牌消耗資源，但是創造獨特價值的過程

　　正如企業消耗原材料、人工以製造產品一樣，品牌也是一個消耗資源但是創造獨特價值的過程。而品牌活動創造的「無形價值」，是顧客需求價值的重要組成部分。更加是產品獲得溢價的重要手段。這種無形價值體現在品牌成交價格中的比例因行業性質不同而差異，個人消費品牌行業的比重高於工業品與大宗原料產品，社交場合使用產品大於個人場合使用產品。真正的品牌知本家，會通過顧客心智中建立「品牌知識體系」，創造各種無形價值，去豐富企業傳遞給顧客的價值組合。

　　為顧客創造產品提供的物理和理性的價值。而品牌在有效傳遞和表達產品物理價值的基礎上，自身更創造和具備了無形和精神層面的顧客價值。這些無形和精神價值包括個人價值觀、情緒與個性、社會重大問題關注等等，能滿足顧客精神需求的價值。某種意義而言，品牌知本家能為顧客創造「精神消費品」，而非簡單的「功能使用商品」。正如企業的製造部門的生產有形產品一樣，品牌知

本家為顧客創造無形價值。Nike公司為顧客提供的是提高運動表現的優質運動裝備。與此同時，Nike也為顧客創造一種率性、自我和突破的精神價值。因而，具有Nike公司為顧客提供的是一整套從身體到精神的價值組合。

雖然，工業品行業屬於專家型購買，但無形價值在工業品行業仍然發揮重要作用。歐美的領先工業品集團都高度重視通「公司品牌」活動，創建積極、友好與有責任的企業公民形象，從而獲得業務開展區域的友好接受。

IP化無形價值：像經營文化產品一樣經營品牌

好品牌的背後一定有一系列的好故事，而好的故事就具有成為IP（智財）的潛力和價值。而好的IP有人物、有情節、有魅力，可以跨螢幕延伸，並自帶流量，賦予了企業更加互動和生動的品牌無形價值。品牌知本家需要具有「IP」意識，需要像經營文化產品一樣去經營企業的品牌。在社會化溝通的年代，企業需要將產品和企業的無形價值，通過文化產品的製作方式，形成更情節化、人格化和系列化的「品牌IP產品」。

通過更具情節的場景，使得顧客在非商業和功能的場

景下，仍能愉快地接觸和回憶起品牌，以及品牌所對應的公司、產品和服務。比如海爾曾經創造的「海爾兄弟」動畫片，長達212集，被譽為「最長的企業形象廣告」。品牌IP化經營的形式多樣，包括企業的吉祥物、形象代言人等，文體贊助，企業旅遊及企業博物館，企業管書籍等。好的品牌及其故事是人類發展過程中的寶貴財富，具有穿越族群、文化與時空的力量。

雖然，根據會計準則，企業的市場推廣類成本被計入了銷售費用，成為企業的成本。但品牌知本家所創造的「品牌資產」將計入顧客的「心智帳戶」。品牌在心智帳戶的表現，通過顧客的購買行為，直接影響了企業的銷量和盈利能力，進而直接和間接影響資本市場表現。

品牌資本家：從品牌資產到品牌資本

在品牌知本活動的基礎上，品牌在顧客心智帳戶中積累了豐富的「資產」。品牌資本家以此為增長槓桿，在商品和資本市場進行各種整合與延伸：

（1）品牌化的市場拓展：

品牌資本家會基於品牌資產探索產品線延伸，而非簡

單基於生產與資源的便利進行產品線延伸。基於「顧客品牌知識接受度」的產品或業務延伸，能更好的獲得顧客的認可，極大降低了企業進入新領域所產生的風險。

比如，英國維珍集團的集團品牌核心價值是「反傳統」，彰顯個性，高調矚目。創始人布蘭森經常採取驚世駭俗之舉去強化和推廣維珍集團的業務。這一核心價值也有效地支持維珍集團進入不同業務領域，包括旅遊、航空、娛樂業等。

而忽視品牌資產，也會給企業業務延伸帶來意想不到的消極影響。中國大陸的酒商「茅臺集團」曾基於「茅臺」的品牌知識積累，延伸到啤酒領域，並定位於高價位市場。但市場事實證明，顧客對於茅臺的高端醬香白酒，甚至「國酒茅臺」的聯想，都無法有效地跨越和延伸到啤酒領域，去推動顧客選擇茅臺啤酒而不是喜力或百威。在品牌心智處於不利的情況下，茅臺也未能有效地在銷售通路、傳播方面進行有效突破。最終，茅臺啤酒在2014年1月1日正式被另一家「華潤雪花」接管。

（2）品牌化的資產整合與聯合：

「先有市場，後有工廠」。強大的品牌資產意味著知

名度與接受度，以消費端的優勢去整合供應端的產能，以低成本、低風險的方式迅速擴大企業規模。蘋果就憑藉強大的品牌資產，將企業的核心業務定位於研發與品牌，外包以製造為代表的重資產環節。而中國一些廠商在製造環節的成熟，也為品牌資產運作提供了堅實基礎。小米等其他互聯網硬體企業的迅速崛起就是基於品牌知識的品牌資產運作案例。

　　另一種重要的品牌資產運作模式就是連鎖加盟與特許使用經營；這種方法基於已有的品牌知識和影響力，連鎖企業輸出成功的品牌資產，吸引和整合社會資源，快速複製，形成規模。成功的品牌化資產整合，需要對整合後的營運品質進行嚴格的管理，確保規模化後的經營仍能支撐品牌承諾。

　　還有一種方式是「品牌聯合」。相似的品牌資產，相容品牌調性和價值觀的品牌，可以通過跨界聯合的方式進行品牌運作。這既交叉開發了各品牌的顧客資產，也為彼此的品牌增加了品牌聯想和背書。安卓與雀巢合作生產安卓品牌形態巧克力，賓士與亞曼尼西服的跨界合作特別版SLK敞篷跑車，就表明了品牌跨界整合具有廣闊的發揮空間。

（3）品牌化的資本運作：

隨著市場競爭環境的變化，新品牌的發佈成本越來越高，而即使付出了高成本，品牌的成功率卻越來越低。據統計，新品牌上市的失敗率高達90％。

所以，很多企業在發展過程中，就採用用「貨幣資本」去獲得「品牌資產」的戰略舉措。二十世紀80年代起，食品商「雀巢」不斷收購包括霜淇淋、寵物食品、巧克力糖果和礦泉水在內的生產企業。企業不止看中並購中的有形資產，同樣重視甚至唯一重視並購物件的品牌心智資產狀況。1998年，寶馬和福斯經過激烈的競爭，結束了對英國汽車品牌勞斯萊斯的收購，寶馬以4000萬英鎊從2003年起獲得了勞斯萊斯的品牌所有權。而福斯以6.4億英鎊獲得了賓利品牌與勞斯萊斯位於英國的製造技術和工廠。而即使福斯付出高昂代價收購了勞斯萊斯的過程，它仍舊無法生產勞斯萊斯牌的汽車，因為在收購前一年，萊斯萊斯品牌被轉移到萊斯萊斯飛機發動機工廠，而寶馬擁有勞斯萊斯飛機工廠10％的股權。寶馬在這場收購獲得了更加寶貴的「資產」。

品牌資本家通過對目標市場中具有理想「品牌知識」

的外部品牌的收購，能較為順暢地進入到新的市場。例如在一些中國企業國際化的過程中，「中國製造+國際品牌」成為短時間內克服認知障礙，順利進入高端市場的有效實踐。2008年中國南京汽車公司以5300萬英鎊收購英國百年汽車品牌羅孚（ROVER）。運動商李寧公司拆分出來的「中國動向」在2000年前後向義大利KAPPA買斷了中國大陸和香港的經營權，將國際品牌資產嫁接中國製造能力，並在廣闊的中國市場中獲得了長足發展。

　　當品牌資本家以資產的視角和資本的手段來運作品牌，會重視品牌資產的稀缺性和難以複製性，發揮品牌資產的槓桿性。所以，品牌資本家應具備戰略視野，綜合運用自建品牌與外部獲取品牌的方式，協助企業跨越風險區，借勢發展，持續推動公司的增長。

品牌智本家：用品牌推動變革

　　品牌智本家是指將管理智慧與品牌優勢融為一體的企業家。因此，基於品牌的獨特作用特點，結合企業家的戰略使命，品牌就成為企業家進行戰略管理重要而獨特的工具。根據我們的實踐和研究，品牌至少具有三大戰略管理

的作用：

（1）推動企業變革

公司和集團品牌規劃活動，有效詮釋了企業的戰略變革方向，並就未來企業運作和創造的顧客價值進行了廣泛的內外部傳播。所以，一句看似簡單的品牌口號背後，是品牌知本家對公司業務本質和競爭理念的深刻理解。

2001年傑夫·伊梅爾特（Jeffrey R. Immelt）接替傑克·威爾許（Jack Welch）成為GE第九任執行長。伊梅爾特的上任後，面臨著不同於前任的經營挑戰。為確保GE在新的時代獲得持續的增長，伊梅爾特將公司未來的發展方向確定為「能解決全球重大問題的技術與創新」，如清潔能源與納米技術等。伊梅爾特也一改威爾許時代熱衷通過兼併收購獲得增長的做法，強調通過企業自身的成長和創新獲得發展。為推動企業變革，伊梅爾特於2003年啟動了新的公司品牌戰略專案，用「Imagination at work」（夢想取代未來）替換原有的「We bring good things to life」（為生活帶來美好事物），作為新的品牌口號。但在對外發佈前，伊梅爾特通過長達一年覆蓋GE全球以及外部核心相關者（各類投資者）的互動和溝通，使得GE未來的戰

略變化更好地為內部團隊所理解，並被外部利益相關者所接受。在這個過程中，公司品牌需要與公司戰略有緊密協同，友好並準確地表達和傳達公司戰略理念，營造良好與友好的外部輿論氛圍。

（2）言行一致：公司戰略、企業文化與品牌的一體化管理

企業家以問題為導向，每天的工作就是面對和解決層出不窮的問題。在解決大量問題的過程中，企業家時常會失去管理和決策方向。顧客和市場競爭雖然被企業高階主管掛在嘴邊。但在涉及企業內部管理時，由於沒有清晰的外部指引，導致企業經常以內部便利和習慣為依據。

為克服這個困境，例如富豪汽車（Volvo）集團就進行了有益的嘗試，它將品牌核心價值（brand value）、顧客價值（Customer value）和組織核心價值觀（Organizational values）進行了協同，實現了三個價值主張（客戶價值需求、品牌價值要求和組織價值觀）的協同統一。這項品牌戰略管理工作貫穿該公司戰略、企業文化和傳統品牌管理，實施起來需要全公司協同，代表著公司高水準戰略管理。富豪集團在品牌牽引的戰略方面，有著非常卓越的

案例。「安全」（Safety）是富豪集團品牌的品牌核心價值，是富豪集團承諾提供給顧客的核心價值。這也是富豪品牌在高端市場中最具差異化和個性化的品牌核心價值。而為實現品牌差異化，富豪集團在企業文化體系中，將「安全」（Safety）同樣作為企業核心價值觀，這就確保了企業的每個行為都在以為顧客實現「安全」為目標。為確保品牌價值在全集團的持續實踐，富豪集團專門成立了核心價值小組，由下屬產品領域的負責人組成，確保了顧客價值-匹配價值-行為價值觀能有效協同和銜接。企業家作為企業的最高「系統架構師」，應該從系統集成和最優的角度多思考。

（3）配合戰略發展的「品牌＋」

企業在不同的發展階段，會面臨階段性的戰略突破，品牌也需要開拓思維，發揮獨特作用，配合公司戰略的突破。如圖7-4所示，除了面向顧客市場的品牌打造外，企業家還可以沿著「能力—資源」，將品牌的視角提升至公司戰略高度，充分在更多的領域發揮品牌的獨特作用。

源於戰略，成於品牌。企業可以在確定公司戰略後，將公司戰略的核心理念進行品牌化包裝，以有利於組織

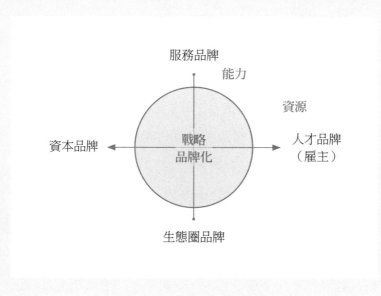

圖7-4 公司的戰略級品牌管理

內外理解企業未來的發展方向，提高企業發展的可預測性。GE則通過「GE WORKS」的方式，向外界尤其形象傳達了GE的業務選擇與行為方式，是公眾對這家歷史悠久的跨國企業巨頭有了更加形象的認同。

　　更為重要的是，品牌往往會補齊一些企業戰略中忽略

的，關於外部客戶的核心問題。因為，很多企業將公司戰略視為增長指標的分解，而將增長當成部門職責，交給了與銷售和推廣相關的部門。這些問題其實是只有公司最高戰略管理團隊才能來回答。

資本品牌不止是簡單的財經公關和資訊披露。企業無論是前期融資還是最終的IPO，都需要在資本市場中，針對不同的投資者進行有效地溝通。而在這個過程中，企業特別需要將自己的商業模式進行系統地梳理和清晰地表達，既要體現企業戰略的主航道，也要體現企業未來發展的可延展性。而這個過程中，不是簡單的券商梳理就可以實現的，企業需要從最高層著手，開展企業的商業模式梳理，並最終輸出為資本品牌或戰略品牌化。

服務品牌

服務不是企業產品的附庸，而是企業提供的顧客整體價值的重要組成部分。從顧客關係的角度而言，服務才是企業與顧客建立和維護信任關係的真正開始。中國企業在發展初期，特別B2B為主的制造型企業，為了與跨國企業進行競爭，通過強化客戶服務能力，並進行品牌化運作，

強化了差異化能力和顧客感知價值。

　　「三一重工」是中國工程機械行業的領導者，在發展初期，強化企業的全流程服務能力，特別是售後服務能力，打造了「服務品牌」，對內根據顧客痛點，傾斜內部資源，建立科學的售後服務體系。對外，統一服務團隊的VI體系，明確售後服務口號，讓三一重工的服務實力得到最大化的發揮與表達。海爾在創建初期提出的「真誠到永遠」也是企業售後服務品牌建立的重要特徵。

生態圈品牌

　　物聯網時代技術使得企業之間的競爭是生態圈之間的競爭，借助物聯網技術創新，部分企業扮演了高效對接供需雙方的作用。

　　蘋果每年召開的開發者大會，成為全球開發者瞭解蘋果發展方向，以及對顧客需求判斷的盛世。每年的開發者大會成為各媒體追逐的焦點，成為蘋果品牌曝光的重要節點。

　　而小米打造的「小米生態鏈」，用「米家」品牌來承載生態鏈企業出產的服務於日常生活的「厚道良品」，而

這也成為小米吸引優秀製造企業加入的重要入口。在物聯網時代，生態圈品牌一定會成為企業與生態成員共建、共有的品牌，它需要澄清品牌所代表的價值內涵定義，價值創造規則以及增量價值分享原則。品牌成為一個集價值創造，價值傳播、價值傳遞的完整活動。

雇主品牌

雇主品牌（The Employer Brand）是企業針對人才和人力市場而建立的「要素品牌」。它是以雇主為主體，以人才和潛在人才市場為對象，以為雇員提供優質與特色服務為基礎，旨在建立良好的雇主形象，提高雇主在人才市場的知名度與美譽度。雇主品牌是企業與現有企業成員共同努力的成果。

雇主品牌需要將雇員在企業工作中的感受和經歷與企業的目標、價值觀整合到一起，這種共同的品牌經歷使得企業在內部和外部都會受益。因此建立雇主品牌是構建一種深度認同的合作關係，它的目標市場鎖定於企業發展需要的人才。雇主品牌是企業人力資源工作的一個重要成果，將品牌意識融合進人力資源部門的日常工作中，將企

業的企業發展願景、價值觀與企業成員的價值觀進行深度連接和融合，並將人才發展和成長打造成業內人才的「吸引力高地」。

品牌戰略家需要一張品牌戰略地圖

造成企業和企業家品牌管理理念模糊，品牌實踐脫節的原因並非全部在企業自身，企業在實踐中缺乏一套具有全域意識的戰略性品牌管理工具（Strategic Branding Management），協助企業高層站在公司發展的高度，去系統實施各項有助於品牌建立與鞏固的工作。

無論是理論界還是實踐領域都開發出豐富多彩的品牌管理工具，而由於開發者本身的視角和具體的品牌內涵的不同，很多品牌管理工具都各有側重，還沒有一套專門為企業戰略管理者專門設計的品牌管理工具。本書總結出一套品牌戰略實施地圖，以支持企業家通過品牌的視角進行公司戰略管理。

什麼是好的CEO視角品牌管理工具

- **能展現品牌管理過程與結果。**以傳播和顧客行為視角的品牌管理工具，體現了品牌管理結果（如知名度、認知度等），但無法兼顧品牌體驗和感知的方法。而品牌資產評估，更注重品牌管理結果（如，用貨幣衡量品牌值多少錢），而僅僅知道品牌值多少錢，並無法明確告訴企業家企業應該如何去做，以有針對性地高效提升品牌價值。這有利於CEO及時發現問題，有效調配資源。

- **全域觀與戰略高度。**整合各類品牌管理實踐，將企業的戰略目標與企業實踐進行覆核邏輯的連接，使企業家能明確看到各項工作對於目標實現之間的關係。企業的各分項品牌工作是否目標明確，工作之間是否有效協同。

品牌戰略地圖

為了企業能在眾多的品牌管理活動中理清頭緒，就需要我們像平衡計分卡一樣，將品牌活動目標與關鍵品牌活動進行有效關聯。本書從實踐的角度提出了以下四個主要

組成元素，以及來搭建整體的「品牌戰略地圖」架構。品牌戰略地圖是一個面向顧客的戰略管理工具，而不僅僅是一種指導傳播的「品牌認知地圖」，所以，如本章前文所言，品牌戰略地圖一定是公司最高階主管理層要參與其中，並在公司內部進行充分宣傳的，使每個部門和職位的同事，都能對於公司對顧客的價值承諾，即公司品牌核心價值，傳遞方式有著一致和清晰的理解。

按照平衡計分卡的思想，本書建出了「1+3」模式的公司品牌戰略地圖，「1」指確定公司品牌戰略的受眾與品牌實施目標，這是所有品牌活動的落腳點和相關品牌工作的評判標準。從顧客的角度看，「3」包含品牌價值主張、價值傳遞方式和品牌價值基礎。品牌戰略地圖的基本邏輯非常簡明，即說明企業憑藉怎樣的內部資源、能力和產品特性（WHY），通過怎樣的價值傳遞手段和方式（HOW），去傳遞何種顧客價值（WHAT）。

品牌戰略地圖適用於公司及具有不同目標顧客群體的產品品牌。如果一家企業具有不同的品牌，那每一個獨立品牌都需要使用品牌戰略地圖進行梳理和規劃。每一家公司都應該建立不同層級的品牌戰略地圖，確保品牌工作在

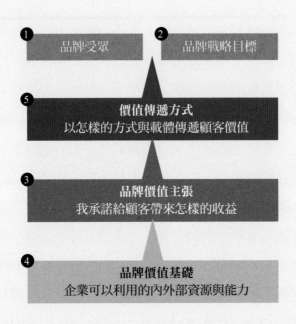

圖7-5 品牌戰略地圖：BRAND STRATEGY MAP

各個層級上統一與有序地開展。

　　品牌戰略地圖由下至上，圍繞品牌價值更加一致和系統地傳遞給目標受眾而展開。在規劃階段，企業需要按照一定的邏輯順序企業要依據戰略地圖中的序號去實施：

- **首先是確定品牌受眾，不同產品線的目標受眾不同，不同層級品牌的目標受眾也不同，清晰與準確地界定目標顧客群體是任何品牌活動的根本。** 但現實中，很多企業卻無法清楚和準確地描述產品或企業的目標顧客，更沒有通過不同的需求視角去發掘表面相同的顧客，所具有的差異化深層次價值需求。從不同需求的面向去洞察和定義品牌受眾，是決定企業如何看待自身業務的重大議題。比如，同樣銷售液晶電視，小米洞察到部分客戶需要更便利地將互聯網視頻內容帶入客廳，強調彩電顧客購買電視「需求背後的需求」是更簡便體驗互聯網上的海量視頻內容。因此，小米將傳統液晶彩電重新定位為「客廳內的互聯網娛樂終端」，將購買傳統液晶彩電的顧客有效地轉化為自己的顧客。

- **確定品牌戰略的目標。** 品牌發揮作用的方式分為告知與感知兩大類型，其中，告知是企業通過各種資訊傳播手段和工具，如各種類型的廣告、公關與活動等，將精心規劃的品牌資訊植入受眾心智的活動。在品牌告知中，品牌知名度與認知度是最為經

典的目標。知道引發注意，熟悉產生好感，讓品牌
受眾知道並回憶起企業、產品的名稱，並能進行
更豐富的聯想，這就是品牌告知給目標顧客的直接
目標。而品牌感知是品牌受眾通過親身產品使用和
體驗，形成的主觀品牌判斷。它的形成包括產品使
用、服務接觸等具有直接顧客接觸性質的接觸點來
實現。因此，品牌感知的指標主要包括品牌美譽度
和推薦度，有助於企業發現是否兌現了品牌傳播中
提到的品牌價值承諾。

- **確定品牌價值主張**。在商業實踐中，品牌價值主張
  是一個有形價值與無形價值的組合。任何一個期望
  在顧客心智中獲勝的品牌，都需要構建立體的價值
  組合，從理性與感性的面向同時入手，才能獲得持
  久與深刻的品牌效用。在實踐中，我們看到很多企
  業仍舊從「我能」的視角去自說自話，而不是從「
  我能為你做什麼」去真正實現角度的轉化和客戶價
  值的澄清。

- **品牌價值的基礎，也是企業能夠實現品牌價值的各
  種內外部資源和能力支持**。這些資源可以為企業內

部控制，也可以是外部協同和獲取的。在實踐中，品牌的價值主張與基礎是需要協同考慮的。企業無法提出缺乏能力和資源支撐的品牌價值主張。每一個偉大的品牌背後，都有一個偉大的產品和企業。企業的品牌價值基礎多樣而豐富，包含企業發展過程中累計的各類資源、能力、創始人和社會聲譽，以及企業外部的獨特的原產地的社會與自然資源。品牌價值基礎還能為品牌發展提供了各類「品牌槓桿」，從而更好為品牌提供更豐富與可信的品牌聯想，充實品牌資產內涵。

- **品牌價值的傳遞方式**。大家需要注意的是，我們要確定的是品牌價值傳遞而非品牌價值傳播。這是企業在品牌管理中最容易忽略和誤解的環節。我們建議企業從品牌基本元素入手，確立鮮明和個性的品牌名稱和品牌感知體系，主要包括視覺、聽覺、嗅覺與觸覺。並通過傳播與實際的產品和服務體驗入手，去言行一致地傳遞各品牌價值。

品牌戰略地圖是一種系統與實效的品牌管理工具，但

它又不是一項簡單的內容填充表格。品牌戰略地圖設計的重要目的是協助企業高層建立科學的品牌理念，將戰略思考與品牌工作進行有機地結合。借助科學的戰略性品牌管理，才能將顧客的需求（Customer Values）、品牌的承諾（Brand Values）與企業內部的行為標準（Organizational Values）進行一體化管理，在市場競爭中，真正建立品牌驅動型組織。

市場成長　品牌擔當

最終，市場永遠是企業增長的核心動力，無論是資本市場、商品市場還是人才市場，企業家都可以運用品牌的獨特優勢和理念去開創新的經營之道。實踐中，品牌對顧客而言解決資訊不對稱，降低決策成本的利器，更是進行個人價值觀彰顯的社交性符號。

對企業及企業家而言，品牌是企業家建立組織內外共識，為企業增長提前建立「內心需求」的關鍵動作。未來一流的企業家會將品牌規劃與公司競爭戰略規劃進行有效協同，有效整合企業內部資源實踐品牌承諾。因此，企業家不僅自身必須具備全面和深刻的品牌理念，還需要更持

久和正確地培養公司整體的品牌意識，才能最終建立起品牌驅動型組織，才能建起「品牌護城河」。

市場戰略 Market-oriented Strategy for CEOs

企業如何制定最優目標與路線？科特勒諮詢團隊經典解題

版權所有 © 菲利浦‧科特勒（Philip Kotler）、密爾頓‧科特勒（Milton Kotler）、曹虎（Tiger Cao）、喬林（Collen Qiao）、王賽（Sam Wang），2021

經由 機械工業出版社／北京華章圖文資訊有限公司 授權

台灣大雁文化事業股份有限公司大寫出版 出版發行中文繁體字版

大寫出版

書　　系：〈In Action! 使用的書〉 HA0100

著　　者：菲利浦‧科特勒（Philip Kotler），密爾頓‧科特勒（Milton Kotler）
　　　　　曹虎（Tiger Cao），喬林 (Collen Qiao)，王賽 (Sam Wang)

行銷企畫：王綬晨、邱紹溢、陳詩婷、曾曉玲、曾志傑

大寫出版：鄭俊平

發 行 人：蘇拾平

發　　行：大雁文化事業股份有限公司
　　　　　台北市復興北路333號11樓之4
　　　　　24小時傳真服務　(02) 27181258
　　　　　大雁出版基地官網：www.andbooks.com.tw

初版一刷 ◎ 2021年8月
定　　價 ◎ 550元
ISBN 978-957-9689-62-5
版權所有‧翻印必究
Printed in Taiwan‧All Rights Reserved
本書如遇缺頁、購買時即破損等瑕疵，請寄回本社更換
歡迎光臨大雁出版基地官網：www.andbooks.com.tw

國家圖書館出版品預行編目 (CIP) 資料

市場戰略：企業如何制定最優目標與路線？科特勒諮詢團隊經典
解題／菲利浦‧科特勒 (Philip Kotler)，密爾頓‧科特勒 (Milton
Kotler), 曹虎 (Tiger Cao), 喬林 (Collen Qiao), 王賽 (Sam Wang) 合
著／初版｜臺北市：大寫出版社：大雁文化事業股份有限公司發行，
2021.03 ／ 328 面；15*21 公分（使用的書 In Action；HA0100）／
ISBN 978-957-9689-62-5 平裝
1. 行銷學 2. 策略管理

496　　　　　　　　　　　　　　　　110011878

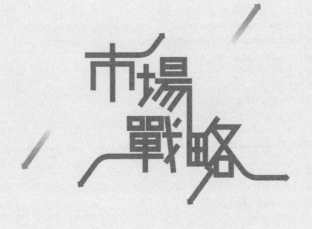